—— 암기 없이 그림으로 ——
—— 이해되는 ——
수학 개념 사전

암기 없이 그림으로 이해되는
수학 개념 사전

사와 고지 지음

하토사키 준코논 그림

송경원 옮김

동양북스

수란 무엇인가

수란 사물의 성질이다. 수확한 열매를 부족 모두에게 나눠 주고 싶다. 충분할까? 앞으로 건너야 할 강이 몇 개나 더 남아 있다. 약속의 날까지 이제 얼마 남지 않았다. 제때 도착할 수 있을까? 열매의 수, 부족의 수, 강의 수, 남은 일수. 지혜로운 사람은 이러한 것들 사이에서 공통점과 차이점을 찾아냈다. 눈에 보이는 것과 보이지 않는 것을 구분하지 않고, 그것들이 가진 성질로 인정했다. 이 모든 것을 생각하고 전달하기 위한 도구가 바로 '수'이다.

수란 연속되지 않고 똑 떨어지는 것이다. 1개, 2개, 3개. 사과와 사람의 수가 같다면 한 사람당 1개씩 나눠 줄 수 있다. 만약 사과의 수가 사람의 수의 정확히 2배라면 2개씩 나눌 수 있다. 이러한 수는 오늘날 '정수'라고 부른다. 그렇다면 사과 5개를 두 사람이 나눌 때 남는 1개는 어떻게 할까? 칼로 잘라 반씩 나눠 가지면 된다. 어느 날, 이것도 수라고 생각한 사람이 있었다.

이렇게 해서 수는 비나 나눗셈의 몫을 나타내게 되었다. 사과 5개를 두 사람이 나눌 때는 $\frac{5}{2}=2.5$개씩 나눠 가진다. 길이가 100m인 도로의 양 끝에 나무를 심지 않고, 일정한 간격으로 나무 8그루를 심을 때는 $\frac{100}{8+1}=11.111\cdots$m 간격으로 나무를 심어야 한다. 이처럼 나누어떨어지지 않는 경우도 있지만, 어떤 소수라도 정수의 나눗셈으로 표현할 수 있다고 생각했다. 그렇다면 정사각형의 대각선 길이는? 원의 둘레는? 비나 나눗셈만으로 표현하는 것에 한계가 있음을 깨달은 사람들은 한 변이 1인 정사각형의 대각선은 $\sqrt{2}$, 지름이 1인 원의 둘레는 π(파이) 등과 같이 새로운 표현을 만들어 수를 발전시켰다.

$\sqrt{2}$도 π도 수이다. 음수, 제곱해서 음수가 되는 수도 인정하자. 이렇게 해서 수는 발전했고, 그 의미도 확장되었다. 1, 2, 3, …으로 이어지는 정수를 바탕으로 무엇이든 만들 수 있게 되었다. 그뿐만 아니라, 고대 그리스에서 원과 삼각형 등의 성질이 정리되어 체계화되었던 것처럼, '수란 무엇인가'가 정리되면서 수는 규칙화된 산물이 되었다.

'수란 무엇인가'에 대한 논의와 발전은 오늘날에도 이어지고 있다. 열매의 개수를 세는 것에서 시작된 수는 현대에 이르러 큰 변화가 있었고 응용 범위도 매우 넓어졌다. '사과 1개'는 눈에 보이므로 그림으로 그릴 수 있지만, '1' 자체를 그린 그림은 본 적이 없다. 이것이 수의 역할이자 운명이다.

책을 쓰면서 두 가지 바람이 있었다.

먼저, 이 책을 읽는 독자들이 더 이상 '수학은 나와 상관없는 것'이라고 느끼지 않기를 바랐다. 수학에는 반드시 수나 방정식이 필요한 것은 아니다. 문득 궁금해진 것이 생긴 순간, 수학은 시작된다.

또 하나, 이 책이 수학과 친해지는 데 도움이 되기를 바랐다. 내 이야기를 잠깐 하자면, 초등학교 고학년 시절 나는 세 살 위 형에게 체육 교과서를 빌려다가 거기 실린 스포츠 경기 소개 글을 읽는 것을 좋아했다. 한 종목당 두 쪽에 걸쳐 소개되어 있었는데, 야구와 축구뿐만 아니라 여러 비인기 종목의 규칙과 경기장의 크기, 기술이나 전략에 대한 간단한 설명을 읽을 때마다 가슴이 뛰곤 했다. 나중에는 그중 한 종목에 도전하기도 했다. 독자들에게도 이 책이 수학에 흥미를 갖게 되는 계기가 되면 좋겠다.

본문은 시대순으로 구성했다. 어떤 분야에 관해서는 설명이 많고, 또 어떤 분야는 빠져 있을 수 있다. 일부는 수학의 범주에 속하지 않는 것도 있다. 이는 전적으로 나의 개인적인 흥미나 친숙함에 따라 선택한 결과임을 미리 밝힌다.

언젠가 미지의 외계 생명체와 교류하게 되는 날을 상상해 보자. 그때 수학은 분명 도움이 될 것이다. 로버트 저메키스 감독의 SF 영화 〈콘택트〉에서 외계 생명체와 통신하는 데 수학이 사용되는 것처럼 말이다. 감히 단언하건대 단지 도움이 되는 데서 그치지 않을 것이다. 우리는 외계 생명체와 우리가 생각하는 '수'의 차이를 알게 될 것이다. 과거와 현재, 각 시대의 수학에 차이가 있듯이 말이다. 수란 무엇인가. 우리가 편리하게 사용하고, 필요에 따라 발전시켜 온 것이 수이다. 너무나 익숙한 수를 달리 표현하자면, 결국 수란 우리의 삶 자체가 아닐까.

CONTENTS

PART 02
고대

PART 03
중근세·근대 전기

PART 04
근대 후기

PART 05
현대

- 이 책에 수록된 수학 용어는 학명, 속칭 등 널리 알려진 명칭을 따랐다.
- 시대 구분과 게재 순서는 기원과 확산 정도를 고려하되 가독성을 위해 대략적으로 정하였다.

∫

PART 01

선사시대

숫자

數字 numerical character

수를 나타내는 문자. 1, 2, 3, 4, 5, 6, 7, 8, 9 등. 우리가 평소 사용하는 이러한 문자들을 아라비아 숫자라고 한다. 이 외에도 한자 숫자(一, 二, 三, …), 로마 숫자(I, II, III, …) 등이 있다. 1, 一, I은 모두 수 1을 나타낸다. 이는 고양이, 猫(고양이 묘), cat이 모두 '야옹' 하고 우는 그 동물을 가리키는 것과 같다. 고양이라는 문자와 그 실제 동물이 다르듯이, 숫자와 수는 다르다. 중앙아메리카에서 번영했던 마야 문명에서는 점(·)이 1, 가로 막대(−)가 5를 의미하며, 이를 배열해 수를 나타냈다. 오늘날 우리에게는 기호처럼 보이지만, 당시 마야인에게는 숫자였다. 시대와 상황에 따라 문자의 역할은 달라진다.

숫자와 획수

1을 나타내는 숫자는 점이나 막대 하나처럼 간단한 것이 많다. 분명 1이 壹(한 일)처럼 획수가 많은 문자라면 쓰는 데 시간이 걸리고 불편할 것이다. 이는 영어에서 자주 쓰이는 관사 a, the가 간단한 형태인 것과 비슷하다. 쓰기 어렵고 복잡한 것은 정착되지 못하고 사라지기 마련이다. 하지만, 일부러 획수가 많은 글자를 사용하는 경우도 있는데, 앞서 나온 壹은 갖은자라고 하는 한자 숫자로, 숫자 1을 나타낸다. 갖은자는 읽거나 쓸 때 실수를 방지하고, 함부로 고치지 못하게 하기 위해 사용된다. 壹(1), 貳(2), 參(3), 肆(4), 伍(5), …로 이어지며 拾(10), 佰(100) 등도 자주 사용된다.

◀수의 역사▶ **아라비아 숫자**

12 +34 =46을 로마 숫자로 표현하면 다음과 같다. XII +XXXIV =XLVI 로마 숫자로
계산하는 것은 쉽지 않아 보인다. 아라비아 숫자가 널리 퍼진 이유를 짐작할 수 대
목이다.

🔗link   1/p.16, 2/p.17, 수사/p.18, 0/p.20, 바빌로니아 수학/p.25, 십진법/p.34

1

one

시작을 나타내는 수. 가장 작은 양의 정수이다. 0＋1＝1, 1＋1＝2, 2＋1＝3, …과 같이 0에 1을 반복해서 더하면 모든 양의 정수, 0에서 1을 반복해서 빼면 모든 음의 정수가 만들어진다. 이는 직선 위의 적당한 두 점을 0과 1로 정하고, 그 간격을 이용해 모든 수를 나타내는 수직선을 상상해 보면 이해하기 쉽다. 이처럼 1은 0과 함께 수의 세계를 만드는 기초가 된다. 또한, $2 \times 1 = 2$, $2 \div 1 = 2$, $2^1 = 2$에서 보듯 어떤 수에 1을 곱하거나, 1로 나누거나, 1제곱을 해도 그 수는 변하지 않는다. 이와 같이 다른 수에 영향을 미치지 않는 '무해한 수'인 1은 특별한 수이다. 영어에서 1을 뜻하는 접두어 uni는 우주를 의미하는 universe에도 사용된다.

1에는 근거가 없다

'1이란 무엇인가?'라는 질문에 매달릴 필요는 없다. 이는 계란 한 판은 왜 30개인지 고민하는 것과 마찬가지이기 때문이다. 상대나 상황에 따라 달라지지 않는다면, 어떤 값이 기준이 되든 상관없다. 예를 들어, 20세기 중반까지 1m의 길이는 미터원기라는 금속 막대의 길이로 정의했다. 그런데 금속은 온도 등에 따라 형태가 변할 수 있기 때문에 지금은 그보다 변화가 적은 빛의 파장을 기준으로 1m의 길이를 정의한다. 먼 옛날, 서양의 어느 지역에서는 왕의 팔 길이를 길이의 1단위로 정한 적도 있다. 결국 1 자체에는 특별한 근거가 없고, 다른 수의 근거가 될 뿐이다.

ᴄ◌ **link** 양수/p.26, 단위/p.33, 수직선/p.180, 허수/p.186, 오일러의 공식/p.191, 레퓨닛수/p.290

2

two

1의 다음 정수. 가장 작은 소수이자 유일한 짝수 소수이다. 2배, 3배처럼 곱셈을 'O배'라고 표현하는데, 단순히 '배'라고 할 때는 2배를 의미한다. 이는 어떤 수의 1배는 그 수 그대로이고, 2배가 가장 기본이 되는 배수이자 일상에서 자주 사용되는 배수이기 때문이다. 나눗셈의 경우 '2로 나눈다'는 '반으로 나눈다'라는 표현으로도 쓰인다. 2의 0배는 0이 되고, 1배를 하거나 1로 나눠도 2라는 값은 변하지 않는다. 사람의 눈, 손, 발, 귀는 모두 2개씩 있으며, 젓가락도 2개가 한 쌍을 이룬다. 이렇게 보면, '가장 작은 다수'인 2의 특별함이 두드러진다.

2는 가장 작은 다수

수의 세계에서 두 주역인 0과 1에 이어 등장하는 수가 2이다. 수직선에서 0은 기준, 1은 단위이며, 0과 1 사이의 거리만큼 같은 방향으로 연장한 지점에 2가 있다. 3 이후의 수는 2를 만드는 방법을 반복하면 된다. 따라서 0 이상의 정수는 '0', '1', '2 이상'의 3가지로 나뉜다고 할 수 있다. 조명 스위치는 꺼짐(OFF)과 켜짐(ON) 2가지로 작동하고, 모스 부호는 점(·)과 선(−) 2가지 신호로 정보를 전달한다. 또한, 애매한 상황에서 흑이냐 백이냐 둘 중 하나로 명확히 해야 한다는 표현도 자주 사용된다. 여기서 꺼짐, 점, 흑을 0으로, 켜짐, 선, 백을 1로 생각하면 0과 1, 2개의 수로 다양한 표현이 가능하다는 사실을 알 수 있다.

🔗 link 1/p.16, 0/p.20, 짝수·홀수/p.28, 배수·약수/p.30, 이진법/p.35, 소수/p.78, 진릿값/p.295

수사

數詞 numeral

수사는 하나, 둘, 셋 등 개수를 나타내는 '기수사(양수사)'와 첫째, 둘째, 셋째 또는 일, 이, 삼 등 순서를 나타내는 '서수사'로 나뉜다. 따라서 수가 나타내는 의미에 따라 읽는 방법이 달라진다. 예를 들어, '1개', '2명', '3자루'에서 1, 2, 3은 개수를 나타내므로 '한 개', '두 명', '세 자루'로 읽는다. 반면, '1층', '2학년', '3쪽'은 순서를 나타내므로 '일 층', '이 학년', '삼 쪽'으로 읽는다. 영어에서 기수사는 one, two, three, 서수사는 first, second, third처럼 단어 자체가 달라 쉽게 구별할 수 있다.

link 숫자/p.14, 단위/p.33, 서수·기수/p.216

자연수

自然數 natural number

1부터 시작하여 2, 3, 4, 5, 6, 7, 8, 9, …와 같이 1씩 더한 수. 다른 말로 양의 정수. 교과서에는 일반적으로 '0은 자연수가 아니다'라고 쓰여 있지만, 0을 자연수에 포함시켜야 한다는 주장도 오래전부터 있어 왔다. 자연수, 자연수의 음수인 −1, −2, −3, …과 0을 합한 것을 '정수'라고 한다. 수학자 크로네커는 "정수는 신이 만들었고, 다른 것은 모두 인간이 만들었다"라고 말했다. 자연수 전체의 집합은 ℕ으로 표기하며, 이는 자연수의 영어 표현인 natural number의 첫 글자에서 따온 것이다.

◀ 수의 역사 ▶ **레오폴트 크로네커**

19세기 독일의 수학자. 단위행렬을 나타내는 '크로네커 델타'는 그의 이름을 딴 것이다.

🔗 link 1/p.16, 0/p.20, 양수/p.26, 음수/p.27, 실수/p.142, 집합/p.210

0
zero

'없음'을 나타내는 수. 사과 3개는 사과가 3개 '있다'는 것을 의미하지만, 사과 0개는 사과가 '없다'는 것을 뜻한다. 이런 점에서 0은 1, 2, 3, … 등의 자연수와는 구별된다. 어떤 수에 0을 더해도 그 수는 변하지 않으며, 0을 곱하면 결과는 항상 0이 된다. 수직선에서 0은 원점, 즉 기준이 되며, 양수와 음수의 경계가 된다. 0은 고대 인도에서 발견 혹은 발명된 것으로 전해진다. 반면, 고대 그리스 철학에서는 아무것도 없는 상태인 '무(無)'와 0이 같다고 여겨 0의 존재를 인정하지 않았고, 그 영향으로 유럽에서는 중세까지 0이 거의 사용되지 않았다.

0에는 가치가 있을까, 없을까?

일본 화폐를 예로 들어 생각해 보자. 일본의 화폐 단위는 엔(円)이며, 현재 일본에서 사용되는 지폐와 동전은 총 10종류이다. 소수나 분수 단위의 화폐는 없다. 만약 음수가 표기된 화폐가 있다면 사람들은 그 것을 서로 떠넘기려 할 것이다. 그렇다면 0엔 지폐가 있다면 어떨까? 1000엔 지폐가 1000엔만큼의 가치를 지니는 것처럼 0엔 지폐는 0엔 만큼의 가치를 지니게 된다. 0엔만큼의 가치는 곧 가치가 '없다'는 의미이다. 지폐는 존재하지만, 그 지폐에는 아무런 가치는 없다. 더욱이 0엔 지폐를 만드는 데도 비용이 든다. 0이라는 수는 때로 철학적인 질문을 만들어 낸다. 20세기에 활동한 미술가 아카세가와 겐페이의 작품 〈대일본 0엔 지폐〉는 실제로 높은 가격에 거래되었다. 0이라는 수의 신비는 점점 더 깊어져만 간다.

수의 역사 **고대 인도의 수학**

7세기 인도의 수학자 브라마굽타의 저서 『브라마스푸타싯단타』에서는 0÷0＝0으로 설명하고 있다.

🔗 link   자연수/p.19, 사칙연산/p.22, 수직선/p.180, 오일러의 공식/p.191

사칙연산

四則演算 addition, subtraction, multiplication, and division

덧셈, 뺄셈, 곱셈, 나눗셈의 4가지 연산을 통틀어 말하는 것. 사칙계산이라고도 한다. 순서대로 +, −, ×, ÷의 기호로 나타낸다. 합, 차, 곱, 몫은 각각 계산한 값을 의미한다. '×'는 생략되거나 '·'으로 대체되는 경우가 많다. 2에 3을 더하면 5가 되고, 5에서 3을 빼면 다시 2가 되는 것에서 알 수 있듯이 '3을 더한다'와 '3을 뺀다'는 서로 반대 관계에 있다. 곱셈과 나눗셈도 이와 마찬가지로 서로 반대되는 연산이다. 한편 덧셈의 반복은 곱셈이 된다. 사칙연산은 서로 연관되어 있어 다른 연산으로 대체하거나 정리할 수 있는 경우도 있다. 대부분의 수는 서로 덧셈과 뺄셈, 곱셈, 나눗셈이 가능한데, 유일하게 불가능한 것은 '0으로 나누기'이다.

계산 방법은 하나가 아니다

1680원짜리 우유 1개와 2140원짜리 빵 1개를 산다고 해 보자. 합계는 3820원이며, 10000원 지폐를 내면 거스름돈으로 6180원을 받는다. 같은 물건을 여러 개 살 때는 곱셈을 사용하고, 여러 물건을 똑같이 나눌 때는 나눗셈을 사용한다. 이처럼 덧셈, 뺄셈, 곱셈, 나눗셈은 일상생활에서도 자주 사용된다. 해외의 어느 지역에서는 거스름돈을 뺄셈이 아닌 덧셈으로 계산한다고 한다. 가령 5000원 지폐로 1000원짜리 빵을 사면, 1000원짜리 빵에 1000원 지폐를 1장씩 더해 총 4장의 1000원 지폐를 거스름돈으로 받는다. 이 방식에서는 뺄셈을 할 필요가 없다.

🔗 link n제곱/p.70, 주판/p.74, 암산/p.76, 행렬/p.184, 교환법칙/p.218, 결합법칙/p.219, 계산기/p.292

구구단
九九段

1부터 9까지의 수를 두 수씩 곱해 그 결과 값을 나타낸 것. 1단부터 9단까지 총 81가지의 곱셈을 리듬에 맞춰 외운다. 예를 들어, 6단이라면 '육일은 육($6 \times 1 = 6$)', '육이는 십이($6 \times 2 = 12$)'와 같은 방식으로 외워 나간다. 구구단을 외우면 소수, 분수의 곱셈도 쉽게 할 수 있다. 인도에서는 20단까지 외우기 때문에 19×17과 같은 복잡한 곱셈도 순식간에 할 수 있다. 영어에는 '구구단'에 해당하는 단어가 없고, 구구단표는 단순히 multiplication table(곱셈표)이라고 부른다.

구구단만 외우는 이유

왜 곱셈만 외우면 될까? 1부터 9까지의 각 수를 더하는 덧셈은 직접 해 보면 그 규칙을 금방 익힐 수 있어 군이 암기할 필요가 없다. 뺄셈도 음수가 되지 않는 범위에서는 쉽게 규칙을 파악할 수 있다. 문제는 나눗셈이다. $7 \div 3$처럼 나누어떨어지지 않는 경우가 많아 곱셈보다 훨씬 더 어렵다. 이런 이유로 나눗셈표가 보급되기는 어려워 보인다. 덧셈, 뺄셈, 곱셈, 나눗셈은 암기나 반복을 통해 익힐 수 있다. 미국에서는 대학 입학 시험의 수학 시험에서 계산기를 쓸 수 있다. 이처럼 계산에 대한 태도는 지역과 시대, 그리고 기술에 따라 달라진다.

link 사칙연산/p.22, 계산기/p.292

바빌로니아 수학

Babylonian mathematics

바빌로니아에서 발달한 수학. 점토판에 쐐기 문자로 기록되었다. 기원 전 3000년경의 점토판이 발굴되었는데, 이는 세계에서 가장 오래된 수학 기록으로 평가된다. 1은 서 있는 쐐기 모양의 기호 '𒁹'로, 10은 1의 기호를 옆으로 누인 모양의 기호 '𒌋'로 표기했다. 곱셈표를 사용했으며, 나눗셈 $56 \div 8$을 $56 \times \frac{1}{8}$처럼 분수 형태로 나타낸 기록도 남아 있다. 일차방정식, 이차방정식이 적힌 점토판도 발견되었다. 일설에 따르면 바빌로니아 수학은 피타고라스 등이 활약한 고대 그리스 수학에도 영향을 미쳤다고 한다. 오늘날 수학은 세계 공통의 언어로, 그 내용뿐만 아니라 사용되는 문자나 기호도 거의 동일하게 쓰인다. 이제 낯선 지역에서 새롭고 놀라운 수학을 만나기는 어려워진 것일지도 모른다.

약수가 많은 육십진법

바빌로니아 수학에서는 '𒌋' 5개와 '𒁹' 9개로 59를 나타내고, 그다음 수인 60은 다시 '𒁹' 1개로 나타낸다. 즉, 육십진법이라고 할 수 있다. 다만, 바빌로니아 수학에는 자릿값을 나타내는 '0'이 없었기 때문에 1과 60을 구분하기 어려워 문맥에 따라 판단해야 했다. 육십진법이 사용된 이유는 60이 약수가 많은 수이기 때문일 것으로 보인다. 60의 약수는 12개로, 100 이하의 정수 중에서 가장 많다. 약수가 많으면 똑같이 나누는 방법도 많아진다. 예를 들어, 60개의 동전은 2, 3명 혹은 4, 5, 6명이라도 사이좋게 똑같이 나눠 가질 수 있고, 물론 한 사람이 전부 가질 수도 있다.

🔗 link   숫자/p.14, 배수·약수/p.30, 십진법/p.34

양수

陽數 positive number

0보다 큰 수. 수직선 위에서는 0보다 오른쪽에 있다. 양의 부호(+)가 붙는 수로, 이를 강조할 때는 $+1$, $+0.001$, $+\frac{1}{10}$처럼 '+'를 붙여 표현한다. 숫자 앞에 +를 붙이는 이유는 $0+0.001$과 같이 0과의 덧셈으로 생각할 수 있기 때문이다. $\frac{1}{10}$, $\sqrt{2}$ 같은 수도 양수에 포함된다. 양수끼리의 덧셈, 곱셈, 나눗셈은 항상 양수가 된다. 그러나 양수끼리의 뺄셈에서는 $10-100$처럼 결과가 양수가 되지 않는 경우가 있다. 이러한 계산은 고대 수학에서는 '터무니없는 것'으로 여겨졌지만, 이 터무니없는 계산 덕분에 음수가 등장하게 되었다.

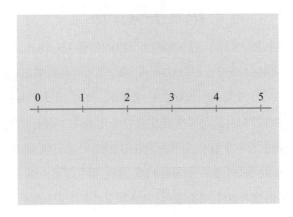

🔗 link 자연수/p.19, 0/p.20, 사칙연산/p.22, 음수/p.27, 제곱근/p.68, 분수/p.138, 수직선/p.180

음수

陰數 negative number

0보다 작은 수. 수직선 위에서 0보다 왼쪽에 있다. 음의 부호(-)가 붙는 수로, -1, -0.001, $-\frac{1}{10}$처럼 '-'를 붙여 표현한다. 예를 들어, 겨울철 아침 기온이 $-4\,℃$이고, 낮 기온이 $5\,℃$일 때처럼 양수와 음수는 0을 기준으로 서로 반대 방향에 있는 두 수를 나타내는 데 적합하다. 또한, 저축을 $+100$만 원, 빚을 -100만 원으로 표현하면, 원래는 서로 관련이 없었던 저축과 빚을 하나의 직선 위에서 다룰 수 있다. 양수끼리는 불가능했던 $10-100$ 같은 계산이 가능해진 것은 음수 덕분이다. 오늘날에는 음수가 당연하게 여겨지지만, 역사적으로 음수가 수로 인정받기까지는 오랜 시간이 걸렸다.

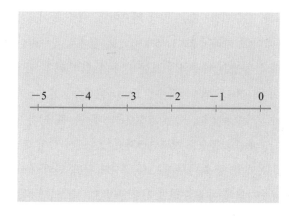

link 0/p.20, 사칙연산/p.22, 양수/p.26, 수직선/p.180

짝수·홀수

짝數 · 홀數 even number · odd number

2로 나누어떨어지는 정수를 짝수라고 한다. 2로 나누어떨어지는 양의 정수 2, 4, 6, 8, …뿐만 아니라, 0과 음의 정수 -2, -4, -6, -8, …도 짝수이다. 짝수를 '두 사람이 똑같이 나누어 가질 수 있는 수'라고 생각하면, 0 역시 2로 나누어도 나머지가 없기 때문에 짝수라는 것을 알 수 있다. 반대로 2로 나누어떨어지지 않는 정수를 홀수라고 하며, -3, -1, 1, 3, 5 등이 있다. 문자를 사용하면, 정수 n에 대해 짝수는 $2n$, 홀수는 $2n+1$로 나타낼 수 있다. 영어로 짝수는 even number(균등한 수), 홀수는 odd number(특이한 수)라고 한다.

곱셈을 하면 짝수가 나오는 경우가 더 많다?

두 정수 ○와 △가 있다고 하자. ○+△=□라고 할 때, ○×△×□의 결과는 짝수일까, 홀수일까? 답은 항상 짝수이다. 예를 들어, ○= 2, △=3이라면 □=5이다. 따라서 2×3×5=30으로, 실제로 짝수이다. 이때 핵심은 '정수의 곱셈은 짝수가 나오는 경우가 많다'라는 점이다. 예를 들어, 2×4=8(짝수×짝수=짝수), 2×3=6(짝수×홀수=짝수), 3×4=12(홀수×짝수=짝수), 3×5=15(홀수×홀수=홀수)와 같이 총 4가지 경우 중 홀수×홀수를 제외한 3가지 경우에서 항상 짝수가 나온다. 따라서 ○, △, □ 중 하나는 반드시 짝수가 된다. 만약 주사위 2개를 굴려 나온 숫자의 곱이 홀수라면 사탕을 받고, 짝수라면 사탕을 내놓아야 하는 상황을 상상해 보자. 홀수, 짝수 어느 쪽에 거는 것이 유리할까?

🔗 link   2/p.17, 자연수/p.19, 0/p.20

배수·약수

倍數·約數 multiple·divisor

어떤 수에 정수를 곱한 수를 원래 수의 '배수'라고 한다. 예를 들어, 3×2는 6이므로, 6은 3의 배수이다. 같은 원리로 3(3×1), 9(3×3)도 3의 배수이다. 또 어떤 정수를 나누어떨어지게 하는 정수를 원래 수의 '약수'라고 한다. 예를 들어, 18을 나누어떨어지게 하는 정수는 1, 2, 3, 6, 9, 18이며, 이것들이 18의 약수이다. 그리고 2개 이상의 정수에 공통인 배수, 약수를 각각 '공배수', '공약수'라고 한다. 예를 들어, 12와 18의 공배수는 36(12의 3배, 18의 2배), 72(12의 6배, 18의 4배), …로 이어지며, 최소공배수는 36이다. 12와 18의 공약수는 두 수 모두 나누어떨어지게 하는 1, 2, 3, 6이며, 최대공약수는 6이다.

두 사람의 공배수와 공약수

비유하자면, 공배수는 두 사람이 만나는 시점이고, 공약수는 두 사람의 공통점을 찾아내는 단서 같은 것이다. 한 사람은 10일에 한 번, 다른 한 사람은 15일에 한 번 공원을 산책한다고 해 보자. 이 두 사람은 10과 15의 최소공배수인 30일마다 한 번씩 만나게 된다. 즉, 두 사람이 만나는 날은 최소공배수인 30의 배수가 되는 날들이다. 이때, 최소공배수를 계산하는 과정에서 최대공약수가 중요한 역할을 한다. 예를 들어, 10과 15의 최대공약수는 5인데, 두 수를 곱한 뒤 이를 최대공약수로 나누면 최소공배수가 된다. 즉, (10×15)÷5=30이다. 이렇게 최대공약수를 활용하면 두 사람이 다시 만나는 날을 빠르게 계산할 수 있다. 따라서 최대공약수는 최소공배수를 계산하는 중요한 단서를 제공한다.

⊂▷ link 사칙연산/p.22, 호도법/p.192, 모듈러 연산/p.201

수열

數列 sequence

수의 나열. 2, 5, 8, 11, 14, 17, 20처럼 '2부터 시작해 3씩 더해 간다'는 규칙에 따라 수를 나열한 것뿐만 아니라, 일정한 규칙 없이 나열한 것도 수열이라고 부른다. 수열은 크게 두 가지로 분류할 수 있으며, 끝이 있는 수열을 '유한수열', 끝없이 계속되는 수열을 '무한수열'이라고 한다. 앞서 나온 수열의 합은 77이 되는데, 이는 20, 17, 14, 11, 8, 5, 2와 같이 순서를 뒤집은 수열과 원래 수열의 같은 순서에 있는 수끼리의 합이 모두 22가 된다는 점을 이용하면 빠르게 계산할 수 있다. 또한, 달력을 보면 가로로 나열된 숫자는 '1씩 더해지는' 수열, 세로로 나열된 숫자는 '7씩 더해지는' 수열이 된다. 그렇다면 오른쪽 아래로 그은 대각선(＼)을 따라서는 어떤 수열이 만들어질까?

Sun	Mon	Tue	Wed	Thu	Fri	Sat
		1	2	3	4	5
6	7	8	9	10	11	12
13	14	15	16	17	18	19
20	21	22	23	24	25	26
27	28	29	30	31		

🔗 link 피보나치수열/p.134, 극한/p.169, 무한급수/p.230, 진동/p.234, 수렴·발산/p.236

단위

單位 unit

기준이 되는 양이나 수. 길이는 미터 m, 무게는 킬로그램 kg, 시간은 초 s가 세계 표준이다. 이것들의 조합으로 속도 m/s, 힘 kg·m/s² 등의 단위가 정해진다. 그 밖에도 야드(약 0.91m), 관(3.75kg) 등 다양한 단위가 있다. 제트기의 속도 단위인 마하(mach, 시속 약 1225km)는 음속을 기준으로 한다. 마하 1을 넘을 경우, 비행 속도가 음속보다 빠르다는 것을 뜻한다. 따라서 마하 2의 속도로 비행하는 제트기의 굉음은 제트기가 지나간 후 뒤늦게 들린다. 실수의 세계에서는 '1'이 단위이며, 허수의 단위는 'i'이다. 벡터와 행렬에도 각각 단위벡터와 단위행렬이 있으며, 이는 수 '1'과 같은 역할을 한다.

link   1/p.16, 벡터/p.182, 행렬/p.184, 허수/p.186

십진법

十進法 decimal system

0부터 9까지 10개의 숫자를 사용해 수를 표현하는 방법. 0, 1, 2, 3, 4, 5, 6, 7, 8, 9가 차례로 이어지며, 9 다음은 '10'으로 나타낸다. 이처럼 9 다음에는 자릿수를 하나 올려 십의 자리에는 '1', 일의 자리에는 '0'을 쓰는 방법을 '자리 올림'이라고 한다. 십진법에서는 0부터 9까지는 1개의 숫자로 한 자릿수, 10부터 99까지는 2개의 숫자로 두 자릿수, 100부터 999까지는 3개의 숫자로 세 자릿수를 나타낸다. 아라비아 숫자는 10개의 숫자를 사용하지만, 한자 숫자는 零(영), 一(일), 二(이), 三(삼), …, 九(구), 十(십)으로 11개의 숫자를 사용하며, 十 다음에 자리 올림이 일어나 十一(십일)이 된다. 이 방식만 보면 한자로 표현되는 수는 마치 십일진법처럼 보인다. 참고로 십진법은 양손의 손가락을 합쳐 10개인 데서 유래했다고 알려져 있다.

N진법

n 종류의 문자를 사용하는 기수법. 간단하게는 N진법, 엄밀하게는 '위치 기수법'이라고 한다. 시간을 나타낼 때는 육십진법을 사용한다. 즉, 59초 다음에 자리 올림이 일어나 1분 00초가 되는 방식이다. 컴퓨터는 이진법으로 작동하지만, 사람들이 더 쉽게 이해할 수 있도록 이진수를 간결하게 표현한 16진법도 사용된다. 16진법은 숫자 0~9에 알파벳 A~F를 더한 총 16개의 문자로 구성된다. 서로 다른 N진법 간의 변환도 가능하다. 예를 들어, 십진법의 '123'은 이진법으로 '1111011', 십육진법으로는 '7B'로 변환할 수 있다.

🔗link   숫자/p.14, 사칙연산/p.22, 바빌로니아 수학/p.25, 이진법/p.35

이진법
二進法 binary system

'0'과 '1', 2개의 숫자를 사용해 수를 표현하는 방법. 0, 1, 2, 3, 4, 5는 차례대로 0, 1, 10, 11, 100, 101로 표현한다. 1 다음이 10, 11 다음이 100이 되는 것은 십진법에서 9 다음은 10, 99 다음은 100으로 자리 올림이 발생하는 것과 같은 원리이다. 이진법에서는 1 + 1 = 10, 111 + 11 = 1010이 된다. 오늘날 우리가 사용하는 컴퓨터는 이진법을 기반으로 작동하는데, 이는 전류가 '흐르지 않는다'와 '흐른다'를 각각 0과 1로 바꾸어 전기 회로를 수로 표현할 수 있기 때문이다. 이진법으로 나타낸 수(이진수)는 흰색을 0, 검은색을 1로 나타내면 아래 그림과 같은 흑백의 도트 그림(픽셀 그래픽)으로 표현할 수 있다.

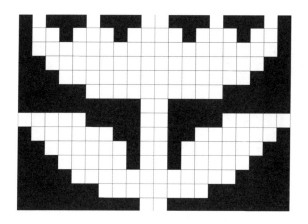

link   1/p.16, 2/p.17, 0/p.20, 메르센 수/p.198, 컴퓨터/p.293, 진릿값/p.295

점

點 point

크기나 방향이 없고, 위치만 있는 도형. 길이가 0인 선분이나 반지름이 0인 원을 떠올리면 된다. 수직선 위의 점 P가 2의 위치에 있을 때, 점의 위치를 P(2)로 나타낸다. 평면에서는 점의 위치를 P(3, 4), 공간에서는 점의 위치를 P(5, 6, 7)과 같이 세 수 혹은 세 수의 쌍으로 표현한다. 점이 이동하면 선이 되고, 선이 이동하면 면이 되며, 면이 이동하면 입체가 만들어진다고 생각하면 도형에 대한 감각을 기를 수 있다. 회화에서 점묘법은 수많은 점으로 대상을 표현하는 기법이다. 수학에서는 넓이가 0인 점을 아무리 모아도 결과는 0이지만, 회화에서는 점의 집합을 통해 인물이나 풍경을 표현할 수 있다.

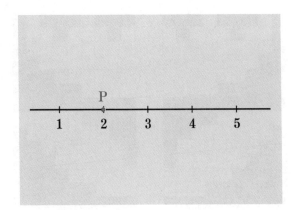

CD link 0/p.20, 평면/p.40, 공간/p.41, 넓이/p.42, 유클리드 기하학/p.104, 수직선/p.180

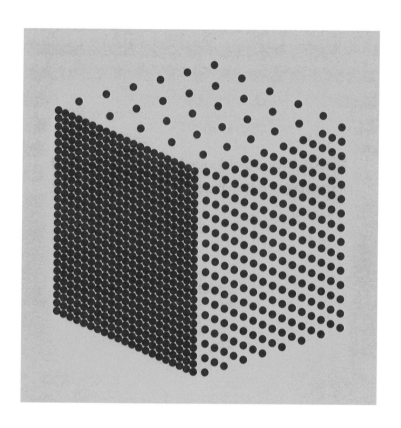

직선

直線 straight line

두 점을 최단 거리로 이어 그대로 양쪽으로 한없이 늘인 곧은 선. 수학에서는 직선도 곡선에 포함된다. 점이 크기가 없는 도형인 것과 달리, 선은 폭이 없고 길이만 있다. 두 직선이 만나는 지점은 점이 된다. 이는 어떤 방향에서 보더라도 폭이 없는 점의 특성과 일치한다. 표면이 매끄러운 구슬을 평평한 바닥에서 굴리면, 구슬은 직선 경로를 따라 움직인다. 이를 등속직선운동이라 하는데, 운동과 힘의 관계를 다루는 물리학의 기본 개념 중 하나이다. 일본에서 건설 중인 리니어 주오 신칸센(자기부상열차)에는 일반 모터와 달리 직선운동이 가능한 리니어 모터를 사용한다. 여기서 리니어(linear)는 '직선(선형)'을 의미한다.

선분

線分 line segment

직선 위의 한 점에서 다른 한 점까지의 직선의 일부분을 '선분'이라고 하고, 한 점에서 시작해 한 방향으로만 뻗은 직선의 일부분을 '반직선'이라고 한다. 선분의 길이는 두 점 사이의 최단 거리이다. 예를 들어, 점 A와 B가 수직선 위에서 각각 7과 10의 위치에 있다면 선분 AB의 길이는 10 − 7로 3이 된다. 우리가 일상에서 직선이라고 생각하는 것들은 대부분 실제로는 선분이다. 한편 자연에서는 지평선이나 수평선, 천장에서 곧게 내려오는 거미줄 등을 제외하면 직선을 찾아보기 어렵지만, 빌딩 등 인공물에서는 직선을 흔히 볼 수 있다. 이는 곡선보다 직선이나 선분이 더 단순하고 다루기 쉽기 때문일 것이다.

🔗 link 점/p.36, 유클리드 기하학/p.104, 비례/p.144, 일차함수/p.151, 곡선/p.220, 차원/p.228, 선형 대수학/p.276

평면
平面 plane

가로와 세로 두 방향으로 펼쳐진 평평한 면. 평면이 두 방향으로 펼쳐지는 반면, 폭이 없고 길이만 있는 직선은 한 방향으로만 이어진다. 정삼각형이나 원은 평면 도형이다. 선분이 거리라는 수로 표현되는 것처럼, 평면 도형은 넓이라는 수로 표현된다. 밀가루를 반죽하여 평평하게 펼친 뒤 제면기에 넣어 파스타 면 만드는 과정을 떠올려 보자. 한 알갱이의 가루, 한 가닥의 면, 평평하게 편 한 장의 반죽은 각각 점, 직선, 평면을 떠올리게 한다. 이처럼 점은 직선의 일부, 직선은 평면의 일부라는 것은 부엌에서도 쉽게 이해할 수 있다.

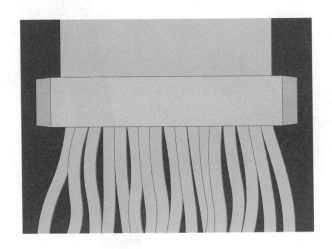

🔗 link 점/p.36, 직선/p.38, 넓이/p.42, 다각형/p.57, 데카르트 좌표/p.176, 차원/p.228, 4색 문제/p.270

공간

空間 space

가로, 세로로 펼쳐진 평면에 높이가 더해져 세 방향으로 펼쳐지는 것.
세 방향을 고려하므로 3차원 공간이라고도 한다. 정삼각형, 직사각형,
원에 대응하는 입체 도형은 각각 정사면체, 직육면체, 구 3가지이다.
지상에서 물을 쏟으면 바닥에 평평하게 퍼지지만, 우주 정거장에서는
물방울이 구 모양의 덩어리로 공중에 떠다닌다. 사실 수학에서 '공간'
이라 하면 1차원이나 2차원을 포함한 차원의 장(場, field)을 가리키기
도 한다. 영어로는 space(스페이스)라고 하며, 3차원의 스페이스는 '우
주 공간'으로도 쓰인다. 컴퓨터 키보드의 스페이스 키는 문자열 사이
에 공백을 추가하며, 축구에서 스페이스는 공격과 수비 모두에 중요한
위치나 빈 공간을 뜻한다.

link 평면/p.40, 다면체/p.62, 차원/p.228, 힐베르트 공간/p.274, 벡터 공간/p.277

넓이
area

평면 도형이 평면에서 차지하는 크기를 나타내는 수로, 면적(面積)이라고도 한다. 넓이는 농지와 같은 토지의 가치를 나타내는 수로 생각하면 이해하기 쉽다. 정사각형처럼 동일한 모양이라면, 한 변이 길어질수록 농지의 넓이가 커지고 수확량도 늘어난다. 세로의 길이가 같은 직사각형에서는 가로의 길이가 2배가 되면 넓이도 2배가 되고, 수확량도 2배가 된다. 즉, 가로의 길이가 수확량을 결정한다. 이는 세로의 길이를 변경할 때도 마찬가지이다. 따라서 사각형 농지의 수확량은 '세로×가로'로 계산할 수 있다. 만약 넓이가 '세로+가로'라면, 세로는 그대로 두고 가로를 2배로 늘렸을 때도 수확량이 2배가 되는지 직접 확인해 보자. 더 나아가 넓이가 '세로−가로' 또는 '세로÷가로'로 계산된다면 어떻게 될지 생각해 보자.

🔗 link 배수·약수/p.30, 평면/p.40, 부피/p.44, 사각형/p.56, 원/p.58

부피
volume

입체 도형이 공간에서 차지하는 크기를 나타내는 수로, 체적(體積)이라고도 한다. 부피는 상자의 수로 생각하면 이해하기 쉽다. 상자 위에 같은 모양의 상자를 하나 더 쌓으면 총부피는 상자 2개분, 즉 원래 상자의 2배가 된다. 이때 높이도 2배가 되므로, 부피와 높이는 같은 배율로 증가한다. 따라서 기둥의 부피는 '밑면의 넓이(밑넓이)×높이'로 구할 수 있다. 즉, 부피는 밑면이 높이만큼 쌓인 것으로 이해할 수 있다. 반면, 위로 올라갈수록 밑넓이가 줄어드는 뿔의 부피는 '밑넓이×높이 ×$\frac{1}{3}$'로 구한다. 밑넓이와 높이가 같은 기둥과 비교하면, 뿔의 부피는 기둥 부피의 $\frac{1}{3}$이다. 만약, 원기둥 모양의 맥주잔과 뒤집힌 원뿔 모양의 칵테일잔이 있다면 어느 잔에 마시고 싶은가?

뿔의 부피는 기둥의 부피의 $\frac{1}{3}$

'한 변이 10인 정육면체'와 '밑면은 한 변이 10인 정사각형이고, 높이가 10인 사각뿔'을 한 변이 1인 정육면체로 채워 보자. 정육면체는 가로 10×세로 10×높이 10이므로, 1000개의 정육면체가 필요하다. 사각뿔은 한 층 올라갈 때마다 밑면의 가로와 세로가 각각 1씩 줄어들어, 꼭대기에는 1개의 정육면체만 남는다. 이 정육면체들의 총합은 385개이다. 비율로 따지면 $\frac{385}{1000}$=0.385로, $\frac{1}{3}$=0.333…과 거의 같다. $\frac{1}{3}$보다 조금 더 큰 이유는 사각뿔의 윤곽선이 들쭉날쭉하기 때문이다. 정육면체나 사각뿔 밑면의 한 변이나 높이를 100, 1000과 같은 식으로 늘이면 윤곽이 매끄러워지고, 그 비율은 0.333…에 가까워진다.

link 배수·약수/p.30, 농도·밀도/p.46, 다면체/p.62

농도·밀도

濃度·密度 concentration·density

액체 등에 녹아 있는 물질의 비율을 농도라고 한다. 예를 들어, 소금 10g을 물에 녹여 만든 소금물 200g의 농도는 $10 \div 200 = 0.05$, 즉 5%가 된다. 일정한 넓이나 부피 안에 얼마나 많은 양이 있는지를 나타내는 값을 밀도라고 한다. $10\text{m} \times 10\text{m}$의 방에 30명이 있다면, 사람의 밀도 는 $\frac{30}{10 \times 10} = 0.3$명/$\text{m}^2$이 된다. 농도는 '진한 정도', 밀도는 '빽빽한 정 도'를 나타낸다. 짠 국물 요리는 염분의 농도가 높고, 사람이 빽빽이 모 여 사는 도시는 인구 밀도가 높아 숨이 막힌다. 집합론에서는 일정 구 간에서 수의 개수의 많고 적음을 농도라고 한다. 예를 들어, '양의 실수 는 양의 정수보다 농도가 크다'고 표현한다.

🔗 link 부피/p.44, 연속체 가설/p.215, 대각선 논법/p.308

삼각형

三角形 triangle

일직선 위에 있지 않은 세 점을 선분으로 연결한 도형. 특별한 것으로는 두 변의 길이가 같은 '이등변삼각형', 세 변의 길이가 같은 '정삼각형', 한 각이 90°인 '직각삼각형'이 있다. 사각형, 오각형 등과 함께 다각형으로 분류되며, 일각형이나 이각형은 존재하지 않으므로 삼각형은 꼭짓점 개수가 가장 적은 다각형이다. 또한, 사각형은 2개의 삼각형으로 나눌 수 있고, 이와 마찬가지로 n각형은 $n-2$개의 삼각형으로 나눌 수 있다. 아래 그림과 같이 한 변의 길이와, 그 변과 마주 보는 꼭짓점의 각의 크기를 바꾸지 않고 삼각형을 변형시키면 그 꼭짓점들은 원을 그리게 된다.

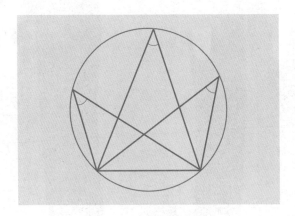

삼각형의 오심

삼각형의 꼭짓점을 지나 넓이를 이등분하는 선분을 중선이라고 한다. 꼭짓점이 3개인 삼각형에는 3개의 중선이 있으며, 이 중선들은 반드시 한 점에서 만난다. 이 점을 '삼각형의 무게중심'이라고 한다. 3개의 중선으로 삼각형은 6개의 작은 삼각형으로 나뉘고, 이 작은 삼각형들의 넓이는 모두 같다. 둥근 쟁반을 손가락 하나로 받칠 때 원의 중심을 짚으면 안정되듯이, 삼각형에서는 무게중심을 받치면 균형이 잡힌다. 삼각형에는 무게중심 외에도 외심, 내심, 수심, 방심이 있으며, 이를 통틀어 '삼각형의 오심'이라고 한다. 삼각형의 오심은 각각의 삼각형의 특징을 나타내며, 이는 마치 사람의 키나 몸무게와 같은 것이다.

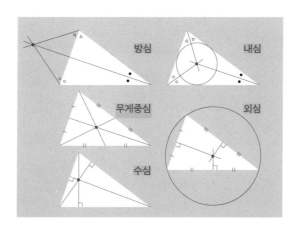

⟳ link 피타고라스의 정리/p.50, 각/p.54, 원/p.58, 비/p.80, 유클리드 기하학/p.104, 삼각비/p.124

피타고라스의 정리

Pythagorean theorem

직각삼각형 세 변의 길이에 관한 정리. '빗변의 제곱은 나머지 두 변의 각각의 제곱의 합과 같다'는 내용이다. 이를 만족하는 가장 유명한 자연수 쌍은 3과 4와 5이며, 3^2+4^2과 5^2은 모두 25로 같다. 그다음으로 유명한 자연수 쌍은 5와 12와 13이다. 세 변의 길이를 x, y, z로 나타내면 $x^2+y^2=z^2$이 된다. 이 정리는 고대 그리스 수학자의 이름을 따서 '피타고라스의 정리'라고 불리는데, 실제로 피타고라스가 이 정리를 발견했는지는 확실하지 않다. TV 크기를 표현할 때 흔히 사용하는 인치는 화면의 대각선 길이를 뜻한다. 이 대각선 길이는 가로와 세로의 길이, 그리고 피타고라스의 정리를 통해 구할 수 있다.

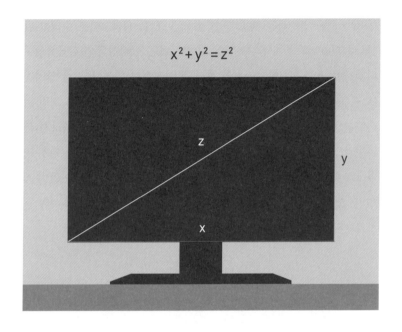

$$x^2 + y^2 = z^2$$

피타고라스

기원전 6세기경 고대 그리스에서 활약한 수학자이자 철학자. 화음과 음계에 대한 연구 등 다양한 업적을 남겼다. 수를 숭배하는 매우 비밀스러운 성격의 '피타고라스학파'를 설립했다.

⊂▷ link 배수·약수/p.30, 삼각형/p.48, 피타고라스 수/p.52, 삼각비/p.124, 페르마의 마지막 정리/p.328

피타고라스 수
Pythagorean number

$x^2+y^2=z^2$을 만족하는 세 자연수 쌍 (x, y, z)를 피타고라스 수라고 한다. 이 피타고라스 수를 세 변의 길이로 하는 삼각형은 직각삼각형이 되며, 이는 바로 '피타고라스의 정리'가 설명하는 내용이다. 잘 알려진 $(3, 4, 5)$, $(5, 12, 13)$ 외에도 $(3, 4, 5)$를 각각 2배 한 $(6, 8, 10)$처럼 피타고라스 수에 자연수를 곱한 것도 피타고라스 수가 된다. 따라서 피타고라스 수는 셀 수 없이 많은데, 사실 자연수를 곱하기 전의 '원시 피타고라스 수'도 셀 수 없이 많다. 끈에 같은 간격으로 매듭을 만들어 세 변의 길이가 3 : 4 : 5가 되도록 끈을 당겨 삼각형을 만들면, 하나의 끈으로 직각을 만들 수 있다.

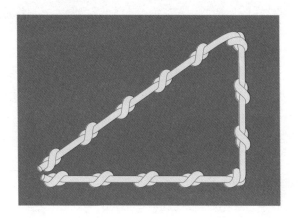

피타고라스 수의 4가지 성질

원시 피타고라스 수인 세 수를 작은 순서대로 ○, △, □라고 하자. 이 ○, △, □는 아래와 같은 성질을 가진다.

○, △ 중
(i)   하나는 짝수(2의 배수), 하나는 홀수
(ii) 어느 하나는 3의 배수
(iii) 어느 하나는 4의 배수

○, △, □ 중
(iv) 어느 하나는 5의 배수

이 성질들은 (3, 4, 5), (5, 12, 13), (7, 24, 25), (8, 15, 17), (9, 40, 41), … 등 모든 원시 피타고라스 수의 쌍에서 성립한다. 증명은 조금 어렵지만, 예를 들어 (ii)는 '어떤 자연수의 제곱을 3으로 나눈 나머지는 0 또는 1'이라는 것을 이용한다. 도전해 볼 만한 가치가 있다.

🔗 link 짝수·홀수/p.28, 피타고라스의 정리/p.50

각

角 angle

한 점에서 뻗은 2개의 반직선이 이루는 도형. 각의 크기를 각도라고 한다. 두 반직선이 수직으로 만나면 그 각도는 90°가 되며, 이를 '직각'이라고 한다. 두 반직선이 더 벌어져 하나의 직선이 되면 그 각도는 180°가 되며, 이를 평평하다는 뜻으로 '평각' 또는 직각이 2개라는 의미로 '이직각'이라고 한다. 직각보다 작은 각을 '예각', 직각보다 크고 평각보다 작은 각을 '둔각'이라고 한다. 수평선이나 곧게 올라가는 건물은 수평이나 수직 같은 단순한 각도를 이룬다. 한편, 물체는 45°로 던졌을 때 이론상 가장 멀리 날아가고, 한국의 밤하늘에 보이는 북극성은 지평선 위 약 37°에 위치한다. 이처럼 자연에는 단순한 각도만 존재하지는 않는다.

삼각형의 각은 단순하지 않다

삼각형의 각은 변이나 넓이에 비해 다루기가 어렵다. 높이가 같은 두 삼각형은 밑변의 길이가 2배가 되면 넓이도 2배가 되지만, 밑변과 마주 보는 각의 크기가 2배가 되더라도 넓이는 2배가 되지 않는다. 또한, 각도가 정수로 떨어지는 삼각형은 드물다. 예를 들어, 세 변의 길이가 3, 4, 5인 직각삼각형에서 가장 작은 각의 크기는 약 36.9°이다. 변의 길이의 비와 각도가 모두 단순한 삼각형은 정삼각형, 직각이등변삼각형, 각의 크기가 30°, 60°, 90°인 직각삼각형 3가지뿐이다.

⊂⊃ link 직선/p.38, 유클리드 기하학/p.104, 포물선/p.156, 호도법/p.192, 힐베르트 공간/p.274

사각형

四角形 quadrilateral

4개의 선분으로 둘러싸인 도형. 꼭짓점, 변, 내각이 각각 4개씩 있다. 사각형이라고 하면 보통 모든 내각이 180°보다 작은 볼록사각형을 떠올리겠지만, 하나 이상의 내각이 180°보다 큰 오목사각형도 있다. 각의 크기가 서로 다른 사각형은 같은 방향으로 빈틈없이 쌓을 수 없다. 마주 보는 한 쌍의 변이 평행한 사다리꼴은 쌓을 수는 있지만, 두 도형 사이에 빈틈이 생긴다. 마주 보는 두 쌍의 변이 평행한 평행사변형은 두 도형 사이에 빈틈이 생기지 않도록 쌓을 수는 있지만, 양 끝에 삐죽삐죽한 부분이 남는다. 이때 평행사변형의 각의 크기를 90°로, 즉 직사각형으로 만들면 삐죽삐죽한 부분이 사라져 깔끔해진다. 더 나아가 직사각형의 변의 길이가 모두 같다면, 즉 정사각형이라면 가로와 세로의 방향에도 신경 쓸 필요가 없다. 정사각형은 사각형의 모든 성질을 가지고 있는 사각형의 왕이다.

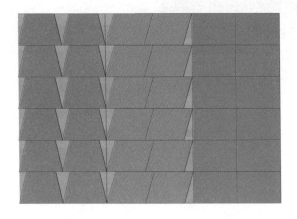

🔗 link 삼각형/p.48, 각/p.54, 다각형/p.57, 평행/p.106, 사다리꼴 공식/p.166

다각형

多角形 polygon

3개 이상의 선분으로 둘러싸인 도형. 모든 각의 크기가 같은 다각형은
정다각형이라고 한다. 변의 개수가 가장 적은 정다각형은 정삼각형이
고, 변의 개수가 늘어날수록 정다각형은 점점 더 둥글어지며, 변의 개
수가 무수히 많은 '정무한각형'은 원에 가까워진다. 북아일랜드 해안에
는 사각형부터 팔각형까지 다양한 형태의 돌기둥이 이어지는 자이언
트 코즈웨이라는 지대가 있다. '거인의 돌길'이라는 뜻의 이 지대를 이
루는 돌기둥들은 자연이 만들어 낸 다각형의 조형물이다. 축구에서 패
스 플레이의 기본은 삼각형이지만, 때로는 사각형이나 오각형으로 형
태를 바꾸며 골문을 향해 달려가기도 한다. 그 모습은 마치 살아 움직
이는 다각형처럼 역동적이다.

🔗 link   삼각형/p.48, 각/p.54, 사각형/p.56, 원/p.58, 다면체/p.62

원

圓 circle

평면 위의 한 점에서 같은 거리에 있는 점들의 집합. 이때, 그 한 점을 원의 중심, 중심을 지나 원주(원의 둘레) 위의 두 점을 연결한 선분을 지름, 원의 중심과 원주 위의 점을 연결한 선분을 반지름이라고 한다. 원주의 길이는 2×반지름×3.14…, 원의 넓이는 반지름×반지름×3.14…로 구할 수 있다. 이 3.14…를 '원주율'이라고 한다. 원은 데굴데굴 구르는 바퀴에 사용된다. 그 이유는 도형 위의 모든 점들이 중심에서 같은 거리만큼 떨어져 있는 유일한 도형이기 때문이다. 또한, 맨홀 뚜껑에도 원이 사용된다. 만약 맨홀 뚜껑이 사각형이라면, 가로와 세로 길이가 대각선 길이보다 짧으므로 비스듬히 넣으면 구멍에 빠지게 된다.

원은 특별하다

삼각형이나 사각형 등의 꼭짓점은 변 위의 이름이 없는 다른 점들보다 특별하다. 반면, 원은 원 위의 모든 점이 대등하여 특별한 점이 없다. 날카롭게 대립한다는 뜻의 '각을 세우다'나 까다롭지 않고 너그러운 성격이라는 뜻의 '둥글둥글한 성격'과 같은 표현은 매우 적절한 비유이다. 이처럼 동그라미나 원은 원만한 인간관계를 상징하는 데 자주 쓰인다. 또한, 원은 화폐 단위로도 사용된다. 중국의 위안(圓, 元), 일본의 엔(円, 圓의 일본식 약자)은 모두 동전의 모양이 둥근 데서 유래했다고 한다. 철학자 아리스토텔레스는 저서 『천체론』에서 원은 완전한 도형이며, 천체는 완벽한 원운동을 한다고 말했다.

⊂⊃link 삼각형/p.48, 원주율/p.60, 타원/p.154, 원뿔 곡선/p.158, 데카르트 기하학/p.178

원주율

圓周率 circular constant

원의 지름에 대한 원주의 길이의 비율. 원의 지름이 1일 때, 원주의 길이는 3.14159…가 된다. 이 끝없이 이어지는 소수를 원주율이라고 하며, 그리스 문자 π(파이)로 표기한다. 원주의 길이는 $2 \times \pi \times$반지름, 원의 넓이는 $\pi \times$반지름의 제곱, 구의 부피는 $\frac{4}{3} \times \pi \times$반지름의 3제곱 등 π는 원과 관련된 계산에 빠지지 않는 특별한 값이다. $\frac{22}{7}$는 약 3.14285…로, 오래전부터 원주율의 근삿값으로 사용되어 왔다. $\frac{8}{33}$=0.242424…에서 '24'가 끝없이 반복되는 것과 달리, 원주율 3.14159…에는 일정한 수의 배열이 반복해서 나타나지 않는다. 이 때문에 원주율은 암기력이나 컴퓨터의 처리 능력을 측정하는 데에도 자주 사용된다. 현재 컴퓨터로 계산한 원주율 값은 소수점 아래 20조 자리가 넘는다.

◁ 수의 역사 ▷ **원주율의 계산식**

원주율을 정확하게 구하는 계산식은 매우 많다. 그중에서도 20세기 초 인도 출신의 수학자 라마누잔이 만든 아래의 식은 그의 파란만장했던 삶만큼이나 특별하다.

$$\frac{1}{\pi} = \frac{2\sqrt{2}}{99^2} \sum_{n=0}^{\infty} \frac{(26390n + 1103) \cdot (4n)!}{(4^n 99^n \cdot n!)^4}$$

ᴄᴅ link 원/p.58, 유한소수·순환소수/p.141, 유리수·무리수/p.143, 오일러의 공식/
p.191, 컴퓨터/p.293

다면체

多面體 polyhedron

여러 개의 평면으로 둘러싸인 입체 도형. 면이 6개면 육면체, 8개면 팔면체라고 한다. 변의 개수가 가장 적은 다각형은 삼각형이며, 면의 개수가 가장 적은 다면체는 사면체이다. 이는 삼각형과 같은 안과 밖을 구분할 수 있는 닫힌 도형을 만들기 위해서는 평면에서는 적어도 3개의 변이, 공간에서는 적어도 4개의 면이 필요하기 때문이다. 모든 면의 모양과 크기가 같고, 각 꼭짓점에 모이는 면의 개수가 같은 다면체를 '정다면체'라고 한다. 정다면체는 정사면체, 정육면체, 정팔면체, 정십이면체, 정이십면체뿐이다. 이 책을 잠시 덮고 주변을 둘러보면, 눈에 보이는 모든 것이 입체 도형일 것이다. 그중 곡면을 포함하지 않는 것들은 모두 다면체이다. 자, 몇 개나 찾을 수 있을까?

다양한 다면체

일명 '삼각 우유'라 불리는 우유는 삼각형 모양의 독특한 포장 용기로 유명해졌는데, 이 용기는 네 면이 모두 정삼각형인 정사면체이다. 정사각형과 4개의 삼각형으로 이루어진 피라미드는 오면체, 주사위는 정육면체이다. 0부터 9까지의 숫자를 2번씩 적은 난수(random number) 주사위는 정이십면체이다. 난수 주사위는 한 번 굴리면 0부터 9까지, 두 번 굴리면 0부터 99까지의 숫자를 만들 수 있다. 이 주사위는 잘 굴러가기 때문에 긴장감도 더해 준다.

⊂⊃ link 공간/p.41, 다각형/p.57, 확률/p.247, 난수/p.300

칼럼 I

수학이 하지 못하는 일

"수학으로 내 감정을 측정할 수 있을 리가 없다." "이번 결산은 숫자상으로는 맞지만, 어딘가 이상하다." 이런 말을 어디선가 들어 본 적이 있을 것이다. 나 역시 가끔 이런 말을 중얼거리곤 한다. 감정이나 사람들의 움직임은 때로 수로 다룰 수 있는 범위를 넘어선다. 맞는 말이다.

수학이 하지 못하는 일 중 하나가 감정을 설명하는 것이라고들 한다. 이는 문학이 다루는 영역이라고 말할 수도 있을 것이다. 경제학 같은 분야에서는 사회 현상을 점차 수학으로 설명할 수 있게 되었지만, 문학이나 철학은 수학으로 설명할 수 없는 마지막 보루로 남아 있다. 이 보루는 쉽게 무너지지 않는다. 많은 사람들이 그렇게 생각하고 있고, 나도 그 말이 옳다고 생각한다. 다만, '어떤 의미에서는' 그렇다는 말을 덧붙이고 싶다.

수학은 그때그때 전제나 가정이 있어야 한다. 예를 들어, $x^2=3$은 x가 정수라면 해가 없지만, 실수라면 $\pm\sqrt{3}$이 해가 된다. 이처럼 수학에는 '어떤 범위에서 생각하는가'에 대한 전제가 반드시 있다. 만약 전제가 명시되어 있지 않다면, 그것은 생략된 것일 뿐이다. 전제 없이 생각하는 것, 이것이 바로 수학이 하지 못하는 일이다.

$\sqrt{3}$이라는 값도 마찬가지다. $\sqrt{3}$이 어느 정도의 수인지 감이 오질 않고, 1.7320508처럼 소수로 표현하면 또 다른 문제가 나타난다. 사실 $\sqrt{3}$은 소수점 아래로 끝없이 이어지는 무리수이기 때문이다. 따라서 $\sqrt{3}$ =1.7320508은 엄밀히 말해 정확하지 않다. 어느 자리에서 끊을 것인지도 기준이 필요하다. $\sqrt{3}$을 1.7320508로 할지, 간단

히 1.7로 할지, 아니면 과감하게 2로 할지 결정할 수밖에 없다. 하지만 1.7320508과 2는 차이가 큰 것처럼 느껴진다. 이런 차이에 대한 느낌을 표현하는 것 역시 수학이 하지 못하는 일 중 하나일 것이다.

이러한 점들이 '내 감정'을 수로 표현하는 어려움과 연결된다. 가령 국어 시험에서 '이때 ○○의 기분을 답하라'는 문제가 나왔다고 하자. 그 답을 수로 표현하는 것은 분명 어려울 것이다. 하지만 모두가 같은 전제를 공유하고, 소수점 아래 몇 자리가 이어지든 상관없으며, 더 나아가 여러 개의 수를 사용해도 된다면, '이때 ○○의 기분은 (1.73205, 3.141592, 1.6182)이다'라고 답할 수 있을지 모른다. 분명 수학이 하지 못하는 일은 존재한다. 그러나 동시에 그것을 잘할 수 있는 방향으로 발전해 갈 수 있는 방법도 수학에는 있다.

∫

PART | 02

÷

+

제곱근

제곱根 square root

제곱해서 a가 되는 수를 'a의 제곱근'이라고 한다. 예를 들어, $16=4^2$이므로 16의 제곱근은 4이다. 하지만 $(-4)^2$도 16이므로, 정확히 말하면 16의 제곱근은 4와 -4, 2개이다. 이처럼 0보다 큰 수는 양수와 음수 2개의 제곱근을 갖는다. 0의 제곱근은 0 하나뿐이다. 2의 양의 제곱근은 $1.414\cdots$로, 소수점 아래로 끝없이 이어지는 실수이다. 제곱은 같은 수를 두 번 곱하는 것을 의미하며, 제곱근은 기호 $\sqrt{}$로 나타낸다. 앞의 예로 돌아가면, $\sqrt{16}=4$이다. 이 기호 $\sqrt{}$는 '루트(root)'라고 읽으며, 영어 단어 root에는 '식물의 뿌리'라는 뜻도 있다. 제곱'근(根)'이라는 이름처럼, 땅 위로 드러나는 정수를 보이지 않는 땅속에서 지탱하는 뿌리 같은 수로 생각하면 이해하기 쉽다.

대각선 횡단의 수학

도로를 대각선으로 건너는 것이 위험한 이유는 무엇일까? 폭이 10m인 도로를 건널 때, 횡단보도에서 10m 떨어진 곳에서 대각선으로 건너면 이동 거리는 $10\sqrt{2}$ m가 된다. 여기서 $\sqrt{2}=1.414\cdots$를 적용하면 약 14.14m의 거리가 된다. 같은 속도로 걷는다면 차도에 머무는 시간은 정확히 $\sqrt{2}$ 배가 되어, 그만큼 위험이 커진다. 이런 사실을 머리로는 알고 있으면서도 왜 자꾸 대각선으로 건너고 싶어질까? 횡단보도까지 10m, 그리고 횡단보도를 직선으로 건너는 10m를 합한 20m는 14.14m보다 길기 때문이다. 수식으로 표현하면 $1<\sqrt{2}<2$이다. 이렇게 거리의 차이를 이해하려면 1과 2 사이에 있는 제곱근을 알아야 한다.

🔗 **link**　0/p.20, 음수/p.27, n제곱/p.70, n제곱근/p.71, 부등식/p.93, 실수/p.142, 유리수·무리수/p.143, 허수/p.186

*n*제곱
exponentiation

수 a를 n번 곱한 수 $a \times a \times a \times \cdots \times a$를 '$a$의 n제곱'이라고 한다. 제곱은 거듭제곱, 승이라고 부르기도 한다. a^n으로 표기하며, 오른쪽 위에 작게 쓴 수 n을 '지수'라고 한다. 먼저 곱셈을 예로 들면, 2×4는 $2+2+2+2$로, 같은 수를 여러 번 더하는 덧셈을 간단히 표현한 것이다. 이와 비슷하게 2^4은 $2 \times 2 \times 2 \times 2$이므로, n제곱은 같은 수를 여러 번 곱하는 곱셈을 간단히 표현하는 방법이라고 할 수 있다. 하지만, 덧셈이나 곱셈과 달리 n제곱은 수가 급격하게 커진다. 예를 들어, $2+10=12$나 $2 \times 10=20$에 비해 $2^{10}=1024$처럼 빠르게 커진다. 2^{20}은 1048576이며, 2^{100}은 31자리의 엄청나게 큰 수가 된다. 덧셈이나 곱셈은 **일상적으로 많이 사용**되지만, 제곱은 **차원이 다른 큰 수를 다룰 때 사용**된다.

ᴄᴅ link 사칙연산/p.22, *n*제곱근/p.71, 네이피어 수/p.174, 지수함수/p.194

*n*제곱근

*n*제곱根 *n* - th root

*n*제곱을 해서 *a*가 되는 수를 '*a*의 *n*제곱근'이라고 하며, $\sqrt[n]{a}$로 표기한다. 예를 들어, 2의 3제곱은 8이므로, 2는 '8의 3제곱근'이며 $\sqrt[3]{8} = 2$가된다. *n*제곱근은 *n*거듭제곱근, *n*승근이라고 부르기도 한다. 2에 5를더한 후 5를 빼면 2로 돌아오고, 2에 5를 곱한 후 5로 나누면 다시 2로돌아오는 것처럼, 2의 *n*제곱의 *n*제곱근은 다시 2가 된다. 즉, 덧셈과뺄셈, 곱셈과 나눗셈, 그리고 *n*제곱과 *n*제곱근은 서로 반대 관계이다.실수의 범위에서 음수는 제곱근이 없다. 예를 들어, $2^2 = 4$, $(-2)^2 = 4$처럼 양수와 음수 모두 제곱하면 항상 양수가 되기 때문이다. 그러나$\sqrt[3]{-8} = -2$와 같이 음수의 *n*제곱근은 존재할 수 있다.

⊂⊃ **link** 사칙연산/p.22, 음수/p.27, 제곱근/p.68, *n*제곱/p.70

마방진

魔方陣 magic square

가로와 세로의 칸 수가 같은 정사각형 판에 가로, 세로, 대각선의 합이 모두 같도록 수를 배열하는 것. 마방진에서 '마'는 마법, '방'은 사각형, '진'은 줄을 지어 선다는 것을 의미한다. 3×3칸(가로 3칸, 세로 3칸)에 1부터 9까지의 수를 한 번씩 넣으면 오른쪽 그림과 같은 마방진이 만들어진다. 1부터 9까지의 합은 1+2+3+⋯+9=45이므로, 각 줄의 합은 45÷3=15가 된다. 오른쪽 그림과 같은 형태 외에도 수가 다르게 배열된 마방진들이 있는데, 이는 모두 그림의 배열을 좌우 또는 상하로 뒤집거나, 가운데 칸을 기준으로 회전시킨 것들이다. 영어로는 magic square라고 하며, 이를 번역해 마법진이라고 부르기도 한다. 일본 메이지 시대(1868~1912)의 작가 고다 로한은 마방진을 다룬 「방진비설」이라는 저작을 남기기도 했다.

마방진 만드는 방법

마방진은 논리적으로 단계를 하나씩 밟아 나가면 어렵지 않게 만들 수 있다. 3×3칸을 1부터 9까지의 수로 채울 때, 가운데 칸은 반드시 5가 된다. 그 이유는 다음과 같다. 가운데 칸을 지나는 세로줄, 가로줄, 그리고 대각선 두 줄, 총 네 줄의 합은 각각 15가 되어야 한다. 만약 가운데 칸이 6이라면, 각 줄에서 가운데를 제외한 두 수의 합은 15−6이므로 9가 된다. 하지만 1부터 5, 7부터 9까지의 수 중에서 합이 9가 되는 두 수의 조합을 4개 만들 수는 없다. 5 이외의 다른 수가 가운데 있어도 마찬가지이다. 따라서 가운데 칸은 5로 정해진다. 마방진을 만들 때 직감은 필요 없다.

◀ 수의 역사 ▶ 「방진비설」

고다 로한이 사망한 후 발견된 원고지 약 30장 분량의 기록으로, 마방진을 만드는 방법에 관한 해설과 약간의 사상적, 역사적인 내용이 담겨 있다. 『로한전집』 제40 권에 수록되었다.

🔗 link   사칙연산/p.22, 연립방정식/p.97

주판

籌板 abacus

고대 중국에서 탄생한 계산 도구. 직사각형 틀 안에 약 20개의 세로줄이 있고, 각 줄에는 둥근 알 5개가 끼워져 있다. 긴 가로 막대로 위아래가 구분되며, 아래에는 4개의 알이 있고, 위에는 1개의 알이 있다. 아래의 알 하나는 1, 위의 알 하나는 5를 나타낸다. 세로줄 하나는 한 자릿수를 의미하며, 손가락으로 알을 위아래로 움직여 덧셈, 뺄셈, 곱셈, 나눗셈을 한다. 예를 들어, '8'이라면 3+5로 생각하여 아래의 알 3개를 위로 올리고, 위의 알 1개를 아래로 내린다. 일의 자리를 기준으로 좌우로 이동하면 두 자리 이상의 정수나 소수를 나타낼 수 있다. 숙달된 사람은 머리가 아닌 손가락으로 계산하는 것처럼 보인다. 더 숙달되면 주판 없이 손가락의 움직임만으로 계산이 가능하다고 한다. 기타 없이 기타 연주를 흉내 내는 '에어 기타'처럼, 이를 '에어 주판'이라고도 부를 수 있지 않을까?

도구는 무엇이든 상관없다

수를 어떤 방식으로든 나타내면 된다는 점이 중요하다. 주판이라면 알, 손가락을 접어서 셀 때라면 손가락, 땅바닥에 그린 막대나 문자로도 수를 나타낼 수 있다. 컴퓨터나 계산기라면 전기 신호를 사용한다. 전기는 눈에 보이지 않는다고 생각할 수 있지만, 암산은 그보다 더 보이지 않는 것을 이용한다. 일본의 메이지 시대까지 사용된 계산 도구로는 종이나 나무에 칸을 그려 만든 산반(算盤)과 산목(算木)이 있다. 산반의 칸에 산목을 세로로 놓으면 1, 가로로 놓으면 5를 나타내는 원리는 주판과 매우 유사하다. 방정식도 풀 수 있고, 휴대도 가능했다고 하니 요즘으로 치면 스마트폰과 비슷한 도구였을 것이다.

암산

필기구나 계산기를 사용하지 않고 머릿속으로만 하는 계산. 2+3=5 나 17-9=8 등 20 정도까지의 수의 덧셈과 뺄셈을 머릿속으로만 할 수 있으면, 더 큰 수의 암산도 가능해진다. 계산 요령도 암산에 도움이 된다. 예를 들어, 997×7은 (100-3)×7=100×7-3×7로 생각하여, 700에서 21을 빼면 679라는 답을 얻을 수 있다. 이처럼 100이나 1000 과 같이 딱 떨어지는 수를 적절히 활용하는 것이 핵심이다. 가끔 놀라 울 정도로 암산을 잘하는 사람들을 보면, 훈련만큼이나 타고난 재능도 무시할 수 없는 요소인 것 같다.

link 사칙연산/p.22, 교환법칙/p.218, 결합법칙/p.219, 계산기/p.292

무한

無限 infinity

끝이 없는 것. ∞로 표기한다. 반대말은 유한이다. 자연수 1, 2, 3, 4, 5, …에는 끝이 없다. 이것이 무한의 한 예이다. 이 외에도 '0과 1 사이의 모든 소수', '원주율의 자릿수', '평면 위의 모든 직선' 역시 그 개수는 무한개이다. 그렇다면 2, 4, 6, 8, …로 계속 이어지는 짝수는 어떨까? 자연수의 절반은 홀수이고 나머지 절반은 짝수이므로, 짝수보다 자연수의 개수가 더 많다고 생각할 수 있다. 하지만 현대 수학의 답은 짝수와 자연수는 '개수가 같다'이다. 유한한 수명을 가진 인간이 어떻게 무한을 다루어 왔는지가 수학이라는 학문에 고스란히 기록되어 있다.

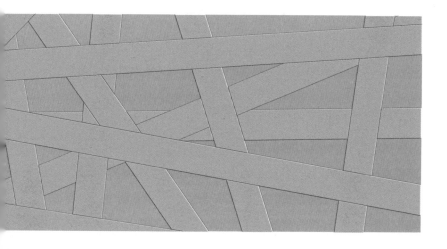

🔗 link 미분/p.160, 적분/p.164, 극한/p.169, 무한집합/p.213, 무한급수/p.230, 힐베르트의 호텔/p.310, 가무한·실무한/p.312

소수

素數 prime number

1과 자기 자신 이외의 수로는 나눌 수 없는 2 이상의 자연수. 예를 들어, 13은 1과 13 이외의 수로 나눌 수 없기 때문에 소수이다. 소수는 가장 작은 2부터 시작하여 3, 5, 7, 11, 13, …과 같이 셀 수 없이 많이 존재한다. 소수가 아닌 2 이상의 자연수는 2개 이상의 소수의 곱으로 나타낼 수 있으며, 이를 '합성수'라고 한다. 예를 들어, 42는 $2 \times 3 \times 7$로 나타낼 수 있으므로 합성수이다. 큰 수가 소수인지 아닌지는 금방 알기 어렵기 때문에, 거대한 소수를 찾거나 자연수 중 소수가 어디에 얼마나 분포하는지를 연구하는 것은 수학의 중요한 한 분야로 자리 잡고 있다. 지금까지 발견된 가장 큰 소수는 자릿수가 2000만 자리를 넘는다.

소수 매미의 생존 전략

매미는 애벌레 상태로 여러 해 동안 땅속에서 지내다가 성충이 되어 땅 위로 올라오면 겨우 몇 주 동안만 살다 죽는다. 미국에 서식하는, 이른바 '소수 매미'는 13년 또는 17년 주기로 한꺼번에 땅 밖으로 나온다. 그래서 13년 주기 매미, 17년 주기 매미라고도 부른다. 한 학설에 따르면, 이는 천적에게 잡아먹히지 않기 위한 생존 전략이라고 한다. 만약 매미의 주기가 합성수인 18년이고 천적의 주기가 3년이라면, 매미가 땅 밖으로 나올 때마다 천적을 만나 매 세대가 생존을 위협받을 것이다. 반면 매미의 주기가 17년이고 천적의 주기가 3년이라면, 매미와 천적은 3과 17의 최소공배수인 51년에 한 번씩만 만나게 된다. 16년 주기 매미나 18년 주기 매미가 있다면 아마 살아남지 못했을 것이다.

🔗link　무한/p.77, 소인수분해/p.79, 정수론/p.197, 메르센 수/p.198, RSA 암호/p.327, 리만 가설/p.331

소인수분해

素因數分解 prime factorization

자연수를 소수의 곱으로 나타내는 것. 예를 들어, 990을 소인수분해하면 $2 \times 3^2 \times 5 \times 11$이 된다. 소수로 나누는 과정을 반복하면 소인수분해를 할 수 있다. 990의 경우, 먼저 2로 나누면 495가 되고, 495는 2로 나눌 수 없으므로 다음으로 3으로 나누면 165가 된다. 다시 3으로 나누어 55가 되고, 마지막으로 5로 나누면 11이 된다. 11은 소수이므로 여기서 소인수분해가 끝난다. 이처럼 몫이 소수가 될 때까지 소수로 나누는 과정을 반복한다. 어떤 자연수를 소인수분해하면 단 한 가지 조합의 소수들의 곱으로 표현된다. 990의 경우, 오직 $2 \times 3^2 \times 5 \times 11$로만 표현될 수 있다. 소인수분해는 자연수 하나하나에 붙여진 고유한 이름과 같은 것이다.

🔗 link 자연수/p.19, 소수/p.78, 인수분해/p.99

비

比 ratio

두 수의 크기를 비교하는 방법. 예를 들어, '12는 6의 2배'는 12:6 =2:1, '12는 18의 $\frac{2}{3}$배'는 12:18 =2:3으로 나타낼 수 있다. 이처럼 등호 '='를 사용한 표현을 비례식이라고 한다. 비례식의 안쪽에 있는 수끼리 곱한 값과 바깥쪽에 있는 수끼리 곱한 값은 항상 같다. 앞의 예에서 6×2와 12×1은 둘 다 12이고, 18×2와 12×3은 둘 다 36이므로, 비례식이 맞다는 것을 확인할 수 있다. 또한, 12:18은 $\frac{12}{18}$와 같이 써서 분수로 나타낼 수 있다. 이 분수를 약분하면 $\frac{2}{3}$가 되며, 이는 위 비례식의 등호 오른쪽에 있는 비 2:3과 같다. 즉, 비와 분수는 '거의' 같은 것이라고 볼 수 있다.

사탕을 나누는 방법

산처럼 쌓인 사탕을 두 자매가 나눠 가지기로 했다. 7살인 동생은 반씩 나누자고 했지만, 8살인 언니는 학교에서 배운 '비'를 이용해 보자고 했다. 나이의 비에 따라 언니는 8개, 동생은 7개씩 동시에 가져가기로 했다. 이렇게 네 번을 반복해도 사탕 더미는 거의 줄지 않았다. 그래서 언니는 80개, 동생은 70개씩 가져가기로 했다. 그러자 사탕이 꽤 많이 줄어, 이번에는 언니는 16개, 동생은 14개씩 가져갔다. 이렇게 세 번 반복했더니 사탕은 딱 1개 남았다. 각자 가진 사탕을 세어 보니 언니는 160개, 동생은 140개. 즉, 160:140은 8:7. 처음부터 사탕을 모두 세고 8:7의 비로 나누었다면 더 빨리 끝났겠지만, 과정을 즐겼으니 괜찮다고 언니는 생각했다. 마지막 남은 1개는 동생에게 주었다.

🔗 link   배수·약수/p.30, 황금비/p.82, 백은비·청동비/p.84, 삼각비/p.124, 분수/p.138

황금비

黃金比 golden ratio

인간이 가장 아름답다고 느끼는 비. 직사각형의 긴 변과 짧은 변의 길이의 비가 1.618…:1로, 대략 8:5이다. 황금비는 명함, 컴퓨터 모니터 등 일상생활에서도 자주 볼 수 있으며, 꽃잎의 배열이나 조개껍질의 무늬 등 자연에서도 흔히 발견된다. 황금비를 이루는 직사각형을 정사각형과 작은 직사각형으로 나누면, 그 작은 직사각형 역시 황금비를 유지한다. 이러한 성질 때문에 고대 그리스 시대부터 이 비는 '외중비(外中比, 그리스 수학자 유클리드는 한 선분을 두 부분으로 나누어, 전체와 긴 선분의 비가 긴 선분과 짧은 선분의 비와 같을 때 이를 외중비라고 칭했다)'라고 불렸는데, 19세기 수학 책에서 처음으로 '황금비'라는 이름이 붙었다. 이 외에도 백은비, 청동비 등이 있으며, 이를 총칭해 금속비라고 부르기도 한다.

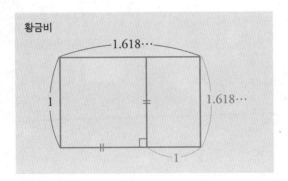

수식으로 보는 황금비

황금비를 소수나 분수로 나타나면 $1.618\cdots$이나 $\dfrac{1+\sqrt{5}}{2}$가 되는데, 이를 아름다운 수라고 말하기는 어렵다. 그러나 1과 함께 생각하면 다른 수에서 찾아보기 힘든 독특한 특징이 나타난다. $1.618\cdots$에서 1을 빼면 $0.618\cdots$이고, 이 $0.618\cdots$과 1의 비는 다시 황금비, 즉 $0.618\cdots:1=1:1.618\cdots$이 된다. 이를 분수로 생각하면 아래와 같다.

$$\frac{-1+\sqrt{5}}{2}:1=1:\frac{1+\sqrt{5}}{2}$$

분자의 1의 부호를 바꾸면 비의 순서가 바뀌는 흥미로운 성질을 발견할 수 있다. 또한, $1.618\cdots$은 아래처럼 나타낼 수도 있다.

$$1.618\cdots=1+\cfrac{1}{1+\cfrac{1}{1+\cfrac{1}{1+\cfrac{1}{1+\cdots}}}}$$

분수 안에 분수가 끝없이 이어지는 형태는 다소 낯설게 느껴질 수 있지만, 이러한 점만 극복하면 이 식은 꽤 멋지다. 참고로, 아래는 $\sqrt{2}$가 된다.

$$1+\cfrac{1}{2+\cfrac{1}{2+\cfrac{1}{2+\cfrac{1}{2+\cdots}}}}$$

🔗 link   비/p.80, 백은비·청동비/p.84, 피보나치수열/p.134, 분수/p.138, 소수/p.140

백은비·청동비

白銀比·青銅比 silver ratio·bronze ratio

$1:1+\sqrt{2}$ 의 비를 '백은비'라고 한다. 소수로 나타내면 $1:2.414\cdots$가 되며, 대략 5:12의 비가 된다. 정팔각형의 한 변의 길이와 그에 수직인 정팔각형의 폭에 해당하는 선분(두 번째로 긴 대각선의 길이)의 비가 백은비가 된다. 끝없이 이어지는 아래 분수에서 $n=1$일 때 황금비, $n=2$일 때 백은비가 나타난다.

$$n+\cfrac{1}{n+\cfrac{1}{n+\cfrac{1}{n+\cfrac{1}{n+\cdots}}}}$$

또한, $n=3$일 때의 비 $1:\dfrac{3+\sqrt{13}}{2}$ 은 '청동비'라고 하며, 소수로 나타내면 대략 1:3.303이다. 청동비에서는 황금비나 백은비보다 긴 변의 길이가 훨씬 더 길다. 이 외에도 B4나 A4 등 종이 규격에 사용되는 제2백은비가 있는데, 짧은 변과 긴 변의 비가 $1:\sqrt{2}=1:1.414\cdots≒5:7$이다.

---

link 비/p.80, 황금비/p.82, 분수/p.138, 소수/p.140

백은비

2.414…

1

$$2 + \cfrac{1}{2 + \cfrac{1}{2 + \cfrac{1}{2 + \cfrac{1}{2 + \cdots}}}}$$

청동비

3.303…

1

$$3 + \cfrac{1}{3 + \cfrac{1}{3 + \cfrac{1}{3 + \cfrac{1}{3 + \cdots}}}}$$

반올림

半올림 rounding

정확한 수가 아니라 대략적인 수를 구하는 방법. 반올림하려는 자리의 수가 4 이하면 버리고, 5 이상이면 올리는 계산법이다. 예를 들어, 24853을 천의 자리에서 반올림하면 20000이 되고, 십의 자리에서 반올림하면 24900이 된다. 반올림할 때는 '어느 자리에서' 반올림할지를 정해야 하며, 이에 따라 위의 예처럼 결과가 달라질 수 있다. 반올림은 작은 단위의 수는 '무시하겠다'는 의미이다. 포도를 셀 때 송이 단위로 세는 사람도 있고, 알갱이 하나하나를 세는 사람도 있을 수 있다. 어느 정도를 작은 단위의 수로 볼지는 사람이나 상황에 따라 달라진다.

🔗 link   이론값/p.248, 유효숫자/p.249

계승
階乘 factorial

자연수 n에서 1씩 빼 가며 1이 될 때까지 모든 수를 곱한 값을 'n의 계승'이라고 한다. $n!$로 표기한다. 예를 들어, $4!$은 $4 \times 3 \times 2 \times 1 = 24$가 되고, $1!$은 그대로 1이 된다. 서로 다른 몇 가지를 순서대로 나열하거나 선택하는 방법인 순열이나 조합의 계산에 자주 사용된다. 예를 들어, 6종류의 초콜릿을 순서를 정해 먹는 방법은 총 $6!$, 즉 $6 \times 5 \times 4 \times 3 \times 2 \times 1 = 720$가지이다. 그중에서 4종류를 골라서 순서를 정해 먹는 방법은 $6 \times 5 \times 4 \times 3 = 360$가지이며, 계승으로 표현하면 $\dfrac{6!}{(6-4)!} = \dfrac{6!}{2!}$이 된다.

⌘ link 자연수/p.19, n제곱/p.70, 감마함수/p.244, 순열/p.288, 조합/p.289

문자식

文字式 algebraic expression

$2x+3$이나 $4a^2-5b+6c$와 같이 x, a 등의 문자가 포함된 계산식. 미지수(아직 모르는 수)를 문자로 나타내고, 이를 수처럼 다루어 복잡한 상황을 예측하거나, 주어진 조건에서 역으로 계산하여 미지수를 구하기도 한다. 문자식을 사용하게 되면서 수학은 급격히 발전했다. 문자식을 다루느냐 아니냐가 산수와 수학의 가장 큰 차이점이라고 할 수 있다. 2개의 문자식을 등호 '='로 연결하면 방정식이 된다. 수학에서 '문자로 나타낸다'는 것은 일단 그 의미와 내용을 잊는다는 것을 의미한다. 의미에 지나치게 매달리면 오히려 방해가 될 때가 있는데, 이는 수학뿐만 아니라 일상생활에서도 마찬가지일 수 있다.

link 등식/p.92, 방정식/p.94, 해/p.95, 대수학/p.101

계수

係數 coefficient

문자식에서 문자 앞에 붙는 수. $3x^2$이라면 계수는 3이다. 항이 여러 개인 다항식에서는 'n차항의 계수'라고 한다. 예를 들어, $3x^2 + 4x - 5$에서 미지수 x의 오른쪽 위에 작게 쓴 수는 차수라고 하며, 항의 차수가 1이면 1차항, 2이면 2차항이라고 한다. 따라서 이 식에서 2차항의 계수는 3, 1차항의 계수는 4가 된다. -5는 값이 변하지 않기 때문에 상수라고 불리는데, 0차항의 계수로 볼 수도 있다. 또한, 차수가 가장 높은 항을 최고차항이라고 하며, 최고차항의 차수에 따라 일차함수, 이차함수 등으로 부른다. 일차함수 $y = ax + b$의 1차항의 계수 a는 직선의 '기울기', 0차항의 계수 b는 '절편'을 나타낸다. 일반적으로 n차함수에서는 최고차항의 계수가 전체적인 그래프의 모양을 결정한다. 예를 들어, 이차함수 $y = ax^2 + bx + c$에서 a가 양수라면 그래프는 아래로 볼록한 $\cup$ 모양이 되고, 음수라면 위로 볼록한 $\cap$ 모양이 된다.

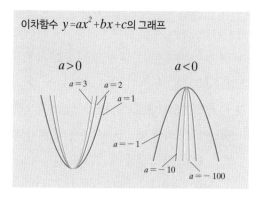

이차함수 $y = ax^2 + bx + c$의 그래프

$a > 0$
$a = 3$ $a = 2$ $a = 1$

$a < 0$
$a = -1$
$a = -10$ $a = -100$

link 문자식/p.88, 이항정리/p.90, 일차함수/p.151, 이차함수/p.152, 절편/p.153, 데카르트 기하학/p.178

이항정리

二項定理 binomial theorem

$x+y$, $3a^2-4$와 같이 두 항이 합이나 차로 연결된 식의 n제곱을 전개할 때 이용되는 정리. 전개란 곱셈의 형태로 된 식을 덧셈의 형태로 나타내는 것을 말한다. 예를 들어, $(x+y)^2$을 전개하면 $x^2+2xy+y^2$이 되는데, 이항정리를 통해 전개된 식의 계수 1, 2, 1을 구할 수 있다. 마찬가지로 이항정리를 통해 $(x+y)^3$은 $x^3+3x^2y+3xy^2+y^3$, $(x+y)^4$은 $x^4+4x^3y+6x^2y^2+4xy^3+y^4$으로 전개할 수 있다. 이 두 식의 계수 '1, 3, 3, 1', '1, 4, 6, 4, 1'을 이항계수라고 하며, 파스칼의 삼각형에도 나타난다. 11^{1000}과 같은 큰 수는 일반적인 방법으로는 계산하기 어렵지만, 이를 $(10+1)^{1000}$으로 생각하고 이항정리를 이용하면 조금 더 편리하게 계산할 수 있다.

4^2+5^2과 $(4+5)^2$ 중 어느 쪽이 클까?

계산해 보면 각각 41과 81이 되므로, $(4+5)^2$이 더 크다는 것을 알수 있다. 그런데 $x^2+y^2=(x+y)^2$이라고 착각하는 경우가 종종 있다. 이것이 틀렸다는 것은 제곱 공식 $(x+y)^2=x^2+2xy+y^2$을 보면알 수 있다. $x=4$, $y=5$라고 하면 $(4+5)^2=4^2+2\times4\times5+5^2$이며, 가운데 $2\times4\times5$만큼 $(4+5)^2$ 쪽이 더 크다. x와 y 둘 다 양수일 때 항상 $x^2+y^2 < (x+y)^2$이 성립한다. 그렇다면 3제곱이나 4제곱, 100제곱의 경우는 어떨까? 이항정리에 따르면 n이 아무리 커져도 마찬가지로 $x^n+y^n < (x+y)^n$이 성립한다는 것을 알 수 있다.

link n제곱/p.70, 문자식/p.88, 계수/p.89, 파스칼의 삼각형/p.91, 인수분해/p.99

파스칼의 삼각형

Pascal's triangle

첫 줄에 1을 2개 쓰고, 두 번째 줄부터는 양 끝에 1, 그 사이에는 바로 앞줄의 왼쪽과 오른쪽에 있는 두 수의 합을 적어 넣어 만드는 삼각형 모양의 수 배열. 이 배열은 17세기에 활약한 파스칼의 이름을 따서 파스칼의 삼각형으로 불리지만, 11세기 중국, 12세기 이슬람의 수학 책 등에도 기록이 남아 있다. 삼각형의 n번째 줄은 $(x+y)^n$의 이항계수가 나열된다. 11^2은 121, 11^3은 1331, 11^4은 14641로 4제곱까지는 파스칼의 삼각형의 수가 그대로 각 자릿수의 수로 나타난다. 11^5은 161051, 파스칼의 삼각형의 다섯 번째 줄은 '1, 5, 10, 10, 5, 1'로 나타난다. 이 두 배열 사이에도 대응 관계가 있다는 것을 눈치챘는가?

$$1 \quad 1$$
$$1 \quad 2 \quad 1$$
$$1 \quad 3 \quad 3 \quad 1$$
$$1 \quad 4 \quad 6 \quad 4 \quad 1$$
$$1 \quad 5 \quad 10 \quad 10 \quad 5 \quad 1$$
$$1 \quad 6 \quad 15 \quad 20 \quad 15 \quad 6 \quad 1$$

수의 역사 ▶ 블레즈 파스칼

17세기 프랑스의 철학자이자 수학자. 확률과 대기압 연구, 계산기 발명 등 다양한 업적을 남겼다. "인간은 생각하는 갈대이다"라는 말은 파스칼의 저서 『팡세』에 나오는 유명한 구절이다.

link n제곱/p.70, 계수/p.89, 이항정리/p.90, 피보나치수열/p.134, 레퓨닛 수/p.290, 계산기/p.292

등식

等式 equality

등호 '='로 연결하여 양쪽의 두 수가 서로 같음을 나타내는 식. $1+1=2$, $x+1=2$, $x^2+1=2$ 등은 모두 등식이며, 문자를 포함한 뒤의 두 식은 방정식이기도 하다. '$a=a$', '$a=b$이면 $b=a$', '$a=b$, $b=c$이면 $a=c$' 같은 식들은 모두 당연해 보이지만, '같다'의 정의에 따라 문제가 생길 수 있다. 예를 들어, 두 길이의 차이가 매우 작은 값 r 이하일 때, 그 두 길이는 '같다'고 하면, $a=b$이고 $b=c$라고 하더라도 a와 c의 차이는 최대 $2r$이 된다. 따라서 이 경우 $a=c$라고 할 수 없다. 수학은 '같다'에 대해서도 깊이 생각하는 학문이다.

🔗 link 문자식/p.88, 부등식/p.93, 방정식/p.94, 해/p.95, 삼단논법/p.117

부등식

不等式 inequality

$>$, $<$, $\geq$, $\leq$ 등의 부등호로 수의 대소 관계를 나타내는 식. 예를 들어, $x+3<7$은 $x+3$이 7보다 작음을, $x+3 \geq 7$은 $x+3$이 7 이상임을 나타낸다. 부등식이 성립하는 수의 범위를 '부등식의 해'라고 한다. 예를 들어, $x+3<7$의 해는 $x<4$이다. 방정식 $x+3=7$의 해가 $x=4$인 것과 비교하면, 일차부등식과 일차방정식의 풀이 방법이 거의 같다는 것을 알 수 있다. 이차부등식 $x^2 \leq 1$의 해는 $-1 \leq x \leq 1$이며, 이 해를 정확하게 구하려면 인수분해나 이차함수에 대한 지식이 필요하지만, 0, 0.5, 1, 1.1, -1.1 등의 값을 대입하여 추측할 수도 있다.

🔗 link 등식/p.92, 방정식/p.94, 해/p.95, 일차방정식/p.96, 이차방정식/p.98

방정식
方程式 equation

$2x+4=10$과 같이 문자와 숫자를 포함하고, 등호로 연결된 식. 식이 성립하는 문자의 값을 '해'라고 하며, 해를 구하는 것을 '방정식을 푼다'라고 한다. 또한, 등호의 왼쪽을 '좌변', 오른쪽을 '우변'이라고 한다. 위의 식에서 좌변과 우변에서 각각 4를 빼면 $2x=6$이 되고, 양변을 2로 나누면 $x=3$이 된다. 이것이 $2x+4=10$의 해이다. 방정식을 푸는 핵심은 문자를 일반적인 수처럼 다루는 것이다. 방정식에서는 아직 모르는 수, 즉 미지수를 포기하지 않고, x나 y 같은 문자로 나타내어 다른 수와 마찬가지로 '아는 척'하며 다룬다. 아는 척은 때로 미움을 사지만, 수학에서는 좋은 결과를 가져온다.

⊂⊃ link   해/p.95, 일차방정식/p.96, 슈뢰딩거 방정식/p.271, 블랙−숄즈 방정식/p.323

해

解 solution

문자를 사용한 식을 만족시키는 그 문자의 값. 근이라고도 한다. 예를 들어, 방정식 $2x+3=11$의 해 $x=4$는 $\dfrac{11-3}{2}$의 계산을 통해 구할 수 있다. 해는 계산하기 전부터 존재하며, 계산만 하면 구할 수 있는 값이다. 이차방정식의 근의 공식 $x=\dfrac{-b \pm \sqrt{b^2-4ac}}{2a}$는 조금 복잡해 보이지만, 익숙해지면 유용하게 사용할 수 있는 공식이다. 일차방정식은 간단한 계산으로도 풀 수 있지만, 삼, 사차방정식의 근의 공식은 매우 길고 복잡하다. 오차 이상의 방정식에는 근의 공식이 존재하지 않는다.

'풀 수 없다'와 '해가 없다'

모르는 것과 답이 없는 것은 다르다. 이 구별은 일상에서도 중요하다. 방정식이나 부등식에서 모르는 것은 '풀 수 없다'이고, 답이 없는 것은 '해가 없다'이다. '해가 없다'는 것은 '답이 없다는 사실을 알았다'는 뜻이다. 예를 들어, $3x+4=5$의 해는 $x=\dfrac{1}{3}$인데, 분수가 생겨나기 전에는 이 방정식에는 해가 없다고 여겼을 것이다. 분수를 수로 인정하지 않는 사람이라면 여전히 해가 없다고 생각할 수 있다. 복소수를 인정하지 않는 경우, $x^2+1=0$은 해가 없는 방정식이다. 반대로 복소수를 인정한다면 $x=\pm i$가 해이다. 이처럼 해가 '있다', '없다'는 입장에 따라 달라질 수 있으며, 이는 일상생활에서도 입장에 따라 같은 상황을 다르게 판단하는 것과 비슷하다.

⊂⊃ link　방정식/p.94, 일차방정식/p.96, 이차방정식/p.98, 삼차방정식/p.100, 분수/p.138, 미분 방정식/p.162, 복소수/p.188

일차방정식

1次方程式 linear equation

최고차항의 차수가 1인 방정식. $2x+3=25$ 등. '3살 차이 나는 자매의 나이의 합이 25일 때, 여동생의 나이는 몇 살일까?'라는 문제는 일차방정식으로 풀 수 있다. 동생의 나이를 x살이라고 하면 언니는 $(x+3)$살이 되고 나이의 합이 25살이므로, $x+(x+3)=25$가 된다. 이 식의 좌변을 정리하면 앞의 일차방정식이 나온다. 이를 풀면 여동생의 나이가 11살임을 알 수 있다. 또한, $2x+3$의 x에 0, 1, 2, …를 대입하면 3, 5, 7, …로 2씩 일정하게 증가한다. 이와 같이 일정한 속도로 이동할 때의 도달 거리나 정해진 금액으로 일정 기간 동안 저축할 때의 목표 금액 등은 일차방정식으로 구할 수 있다.

link 방정식/p.94, 해/p.95, 비례/p.144, 일차함수/p.151, 회귀분석/p.254

연립방정식

聯立方程式 simultaneous equations

2개 이상의 방정식을 묶어 놓은 것. 예를 들어, '학과 거북이는 모두 4마리가 있다. 다리의 개수는 총 10개이다'라는 문제에서 학의 수를 x, 거북이의 수를 y라고 하면 $x+y=4$, $2x+4y=10$이라는 연립방정식이 된다. 이처럼 x, y 2개의 문자를 사용하는 연립방정식을 '이원 연립방정식'이라고 한다. 문자의 개수가 3개, 4개로 늘어나면 점점 복잡해지지만 푸는 방법은 같다. (문자의 개수) > (식의 개수)일 때 '부정방정식'이라고 하며, 해를 하나로 정할 수 없다. 예를 들어, $2x+4y=10$은 '$x=3$, $y=1$'뿐만 아니라 '$x=1$, $y=2$'도 해가 된다.

link 방정식/p.94, 해/p.95, 학구산/p.135, 행렬/p.184

이차방정식

2次方程式 quadratic equation

최고차항의 차수가 2인 방정식. $x^2+x-6=0$ 등. $2^2+2-6=0$이므로 $x=2$가 이 방정식의 해이다. 또한, $(-3)^2+(-3)-6=0$이므로 $x=-3$도 해가 된다. 이처럼 이차방정식의 해는 최대 2개이다. 실제로는 직접 수를 대입하기보다는 인수분해를 이용해 푸는 것이 일반적이다. 위의 식 $x^2+x-6=0$의 경우, 좌변을 인수분해하면 $(x-2)(x+3)=0$, 즉 $x-2$와 $x+3$의 곱이 0이 된다. 따라서 $x-2$와 $x+3$ 중 하나가 0이 되면 되므로 $x=2$, -3이라는 해를 얻을 수 있다. 인수분해가 되지 않을 때는 근의 공식을 이용한다. 중학교 때 배우는 근의 공식은 복잡해서 많은 학생들이 어려워한다.

link 해/p.95, 일차방정식/p.96, 인수분해/p.99, 이차함수/p.152, 포물선/p.156

인수분해

因數分解 factorization

다항식을 2개 이상의 괄호로 묶인 식의 곱셈 형태로 나타내는 것.
$x^2 + 4x + 3$을 인수분해하면 $(x+1)(x+3)$이 된다. 이는 곱셈 공식
$(x+a)(x+b) = x^2 + (a+b)x + ab$에 따라 '곱해서 3, 더해서 4'가 되는
두 수를 찾는 것이며, 이 과정을 퍼즐처럼 즐기는 사람도 많다. 만약,
$x^2 + ax + b$에서 '곱해서 b, 더해서 a'가 되는 두 수를 찾을 수 없는 경우
에는 간단한 형태의 인수분해가 불가능하다. 반대로 $(x+1)(x+3)$에
서 다시 $x^2 + 4x + 3$으로 돌아가는 과정을 '전개한다'라고 한다. x^2의 계
수가 1이 아닌 경우에는 일반적으로 '대각선으로 곱하는' 방법이 사용
되며, 이를 '대각선 인수분해'라고 한다.

$$(x+1)(x+3)$$

인수분해한다   전개한다

$$x^2 + 4x + 3$$

🔗 link   방정식/p.94, 이차방정식/p.98, 삼차방정식/p.100, 나머지 정리/p.200

삼차방정식

3次方程式 cubic equation

최고차항의 차수가 3인 방정식. 예를 들어, 정육면체의 세로 길이를 1, 가로 길이를 2만큼 늘인 직육면체의 부피가 원래 정육면체 부피의 3배가 되는 경우를 생각해 보자. 정육면체의 한 변의 길이를 x라고 하면 삼차방정식 $x(x+1)(x+2)=3x^3$이 된다. 이 삼차방정식을 변형한 $2x^3-3x^2-2x=0$에 $x=2$를 대입하면 $2\times2^3-3\times2^2-2\times2=0$이 되고, 따라서 $x=2$가 해임을 알 수 있다. 또한, $x=0$, $x=-\dfrac{1}{2}$을 대입해도 0이 되므로 이 역시 방정식의 해가 되지만, '한 변의 길이'로는 적합하지 않으므로 제외된다. 이차방정식과 마찬가지로 삼차방정식을 풀 때도 인수분해나 인수정리를 이용한다.

link 부피/p.44, 방정식/p.94, 해/p.95, 이차방정식/p.98, 나머지 정리/p.200

대수학

代數學 algebra

해석학, 기하학과 함께 현대 수학의 주요 3대 분야 중 하나. 수 대신 문자를 사용하는 것이다. '수를 2배로 만드는 상자'가 있다고 해 보자. 이 상자는 1을 2로, 2를 4로, 3을 6으로 만든다. 이런 몇 가지 예를 보여 주면 사람들은 이 상자의 원리를 이해할 것이다. 그런데 호기심 많은 아이가 "10은?", "10000은?" 하고 계속 묻는다면 어떻게 해야 할까? 그때는 "이 상자는 ◎를 2×◎로 만든다"라고 대답하면 된다. 이렇게 하면 매번 대답할 필요가 없고, 아이는 자신이 원하는 만큼 수를 2배로 만들 수 있다. 여기서 이 '◎'가 바로 수를 대신하는 문자, 대수학의 시작이다.

link 문자식/p.88, 기하학/p.102, 함수/p.148, 해석학/p.168, 추상 대수학/p.278

기하학

幾何學 geometry

대수학, 해석학과 함께 현대 수학의 주요 3대 분야 중 하나. 선의 길이, 각도, 넓이 등 도형의 크기와 모양 등을 다룬다. 기하학의 발상지로 알려진 고대 이집트에서는 피라미드의 높이나 강의 폭을 측정하는 기술로 발전했다. 이 지식이 고대 그리스로 전해지면서 각각의 도형이 아닌 도형 전체의 공통된 성질을 연구하여 이를 규칙으로 정리한 '유클리드 기하학'이 구축되었다. 이후 규칙이 수정되거나, 규칙에서 벗어나는 경우도 생기면서 길이, 각도 등의 기본 개념이 재검토되어 다양한 기하학이 탄생했다. 과거 '눈에 보이는 것'만을 대상으로 삼았던 기하학은 현대에 와서 '눈에 보이지 않는 것'까지도 다루게 되었다.

수학의 주요 3대 분야

'☆'이라는 도형을 생각해 보자. 이 도형의 5개 선분을 식으로 표현하고, 선분이 서로 만나는 교점 등을 좌표로 나타내어 생각하는 것이 해석학이다. 오른쪽 그림과 같이 각 점에 A~E와 P라는 이름을 붙이면, 점 P는 선분 AC와 선분 BE의 교점이 된다. 이렇게 문자를 사용하여 관계를 표현하고 다루는 것이 대수학이다. 또한, 중심에서 꼭짓점까지의 거리가 모두 같다면 5개의 꼭짓점을 지나는 원을 그릴 수 있다. 이처럼 도형 자체를 다루는 것이 기하학이다. 지금은 이 세 분야로 나뉘어 있지만, 원래는 '별' 모양의 도형을 이해하려는 단순한 목표에서 출발했다. 현대의 기하학은 눈앞의 도형으로부터 자유로워졌다. 언젠가 아직 보지 못한 별을 발견할 날이 올지도 모른다.

ᴄᴅ link 원/p.58, 대수학/p.101, 유클리드 기하학/p.104, 해석학/p.168, 비유클리드 기하학/p.222, 차원/p.228

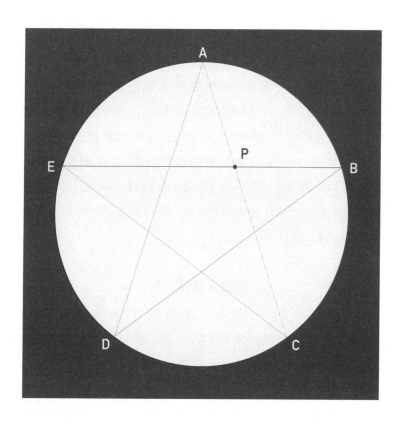

유클리드 기하학
Euclidean geometry

삼각형과 원 등 도형에 관한 기하학. 점, 직선, 원, 직각, 평행선에 관한 공준이라고 불리는 5가지 규칙을 정하고, 이를 바탕으로 차례로 도형의 성질을 밝혀 나간다. 예를 들어, 제4공준 '모든 직각은 서로 같다'와 같이 5가지 공준은 누구나 당연하게 받아들이는 사실을 언어로 표현한 것이다. 유클리드 기하학 덕분에 원래는 '눈으로 봐야만 알 수 있는' 도형의 성질을 언어를 통해 '눈으로 보지 않아도 알 수 있게' 되었다. 기원전 3세기경 유클리드가 저서 『원론』에서 이를 체계적으로 정리했다. 『원론』은 완성도가 높아 20세기 초까지 수학(특히 기하학) 교과서로 널리 사용되었다.

도형을 정의하기

건물의 설계자와 현장의 기술자가 '삼각형'의 의미를 다르게 이해한다면, 완성된 건물에 대해서도 불안감을 느낄 것이다. 사전에 따르면 삼각형이란 '일직선 위에 있지 않은 세 점을 선분으로 연결한 도형'을 의미하는데, 신중한 사람이라면 '선분', '점' 같은 단어의 의미까지도 명확히 하고 싶어 할 것이다. 이러한 기하학의 최초의 사전이라고 할 수 있는 것이 유클리드의 『원론』이다. 원론의 제1공준은 '임의의 한 점에서 다른 한 점으로 직선을 그을 수 있다'로, 점과 직선의 관계를 규정하고 있다. 다른 공준도 마찬가지이다. 이렇게 기초가 명확히 정의됨으로써 우리는 건물 안에서 안심하고 지낼 수 있게 되는 것이다.

유클리드 기하학의 5가지 공준

제1공준: 임의의 한 점에서 다른 한 점으로 직선을 그을 수 있다.

제2공준: 유한한 선분이 있다면, 그것은 얼마든지 길게 늘일 수 있다.

제3공준: 임의의 중심과 반지름을 갖는 원을 그릴 수 있다.

제4공준: 모든 직각은 서로 같다.

제5공준: 직선 *l* 밖의 한 점을 지나며, *l* 과 평행한 직선은 단 하나뿐이다.

수의 역사 ▶ 유클리드

고대 그리스의 수학자. 미술의 원근법은 유클리드 기하학에 기초하고 있다. 공부에는 지름길이 없고 꾸준한 노력이 중요하다는 점을 강조하며 "기하학에는 왕도는 없다"라는 말을 남긴 것으로도 유명하다. 다만, 유클리드의 삶에 대해서는 명확히 알려진 것이 많지 않아, 실제로 그가 한 말인지는 확실하지 않다.

🔗 link 점/p.36, 직선/p.38, 삼각형/p.48, 원/p.58, 기하학/p.102, 평행/p.106, 비유클리드 기하학/p.222

평행

平行 parallel

두 직선이 아무리 뻗어 나가도 만나지 않는 것. 평행한 두 직선이 다른 한 직선과 만날 때 생기는 동위각과 엇각은 각각 크기가 같다. 이는 합동이나 닮음을 증명하는 근거로 사용된다. 나뭇잎 사이로 비치는 햇빛처럼 지구로 쏟아지는 두 줄기의 빛은 평행하다고 볼 수 있지만, 우주 규모에서 보면 중력의 영향으로 빛이 휘어져 만나지 않아야 할 빛이 만나는 경우도 있다. 이처럼 우리의 일상적 느낌이나 경험과, 우주에서 일어나는 현상 사이에는 때때로 차이가 발생한다. '평행선을 달린다'는 의견 차이가 좁혀지지 않는 상황을 나타내는 관용구로, 이를 그대로 영어로 번역하면 의미가 통하지 않아 대화가 평행선을 달릴 수 있으니 주의해야 한다.

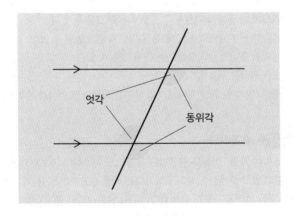

link 직선/p.38, 각/p.54, 유클리드 기하학/p.104, 엇각/p.109, 합동·닮음/p.110, 증명/p.116, 비유클리드 기하학/p.222

수직

垂直 vertical

두 직선이 서로 만나 직각을 이루는 상태. 고장 난 자동차와 같은 무거운 물체를 옆(수평 방향)으로 이동시키려면, 물체의 옆면에 수직으로 힘을 가하는 것이 효과적이다. 이렇게 하면 위나 아래(수직 방향)로 불필요한 힘을 쓰지 않고 효율적으로 이동시킬 수 있다. 지면과 수직이 아닌 건축물은 수평 방향으로 불필요한 힘이 가해지기 때문에 대부분의 건축물은 지면에 수직으로 세워진다. 14세기에 완성된 피사의 사탑은 지반이 약해 건설 초기부터 기울기 시작했으며, 2001년에 붕괴를 막기 위한 보수 공사가 완료되었다. 한편, 아랍에미리트에는 의도적으로 약 18°기울여 지은 건물이 있으며, 이는 약 4°기울어진 피사의 사탑보다 4배 이상 기울어진 것이다.

⊂⊃link 직선/p.38, 각/p.54, 유클리드 기하학/p.104, 평행/p.106, 선분의 이등분선/p.112

엇각

엇角 alternate angles

두 직선 l, m이 또 다른 직선 n과 만날 때, l, m 안쪽에 있으면서 서로 엇갈린 위치에 있는 두 각을 엇각(그림에서 a와 b)이라고 한다. 엇각의 크기가 같으면 두 직선은 평행하다. 두 직선이 '×' 모양으로 한 점에서 만날 때 서로 마주 보는 두 각을 맞꼭지각(그림에서 a와 c, $(180-a)$와 $(180-c)$)이라고 한다. 맞꼭지각의 크기는 항상 같다. 맞꼭지각의 엇각을 동위각(그림에서 b와 c)이라고 하며, 동위각의 크기가 같으면 두 직선은 평행하다. '#'과 같이 비스듬히 만나는 두 쌍의 평행선에 나타나는 같은 크기의 8개의 각은 모두 엇각, 맞꼭지각, 동위각의 관계에 있다.

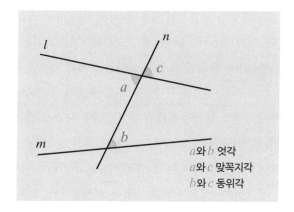

a와 b 엇각
a와 c 맞꼭지각
b와 c 동위각

⊂⊃link 직선/p.38, 각/p.54, 평행/p.106, 합동·닮음/p.110, 증명/p.116

합동·닮음

合同·닮음 congruence·similarity

두 도형이 서로 모양과 크기가 똑같을 때, 이 두 도형을 '합동'이라고 한다. 도형의 위치나 방향, 앞뒤와 상관없이, 한 도형을 이동(위치 바꾸기), 회전(돌리기), 반전(뒤집기)하여 다른 도형과 완전히 겹치면 그 도형들은 합동이다. 반지름이 같은 원, 빗변의 길이가 같은 직각이등변삼각형은 각각 합동이다. 모양만 같고 크기가 다른 경우는 '닮음'이라고 한다. 원과 직각이등변삼각형은 반지름이나 빗변의 길이에 상관없이 모두 닮음이다. 복사기를 이용해 도형을 똑같은 크기로 복사하면 합동 도형, 확대 혹은 축소 복사를 하면 닮은 도형이 인쇄된다. 이때 원래 도형을 확대 또는 축소하는 데 사용된 일정 비율을 닮음비라고 한다.

닮음의 활용

영사기는 필름에 빛을 통과시켜 필름 속 작은 이미지를 스크린에 확대하여 비춘다. 이때 필름 속 이미지와 스크린에 비친 이미지는 서로 닮음이 된다. 망원경은 멀리 있어 작게 보이는 물체를, 현미경은 눈에 보이지 않을 만큼 작은 물체를 적당한 크기로 확대해 우리에게 보여 준다. 이 경우에도 원래 물체와 확대된 물체는 닮음 관계에 있다. 만약 영사기가 합동인 이미지를 비춘다면, 스크린에 비친 이미지는 크기가 너무 작아 잘 보이지 않을 것이다. 만약 보인다면 스크린이 아닌 필름을 직접 보면 될 것이다. 닮음에 비해 합동은 실생활에서 자주 활용되지 않는다.

🔗 link 비/p.80, 평행/p.106, 엇각/p.109, 중점 연결 정리/p.114, 프랙털/p.272

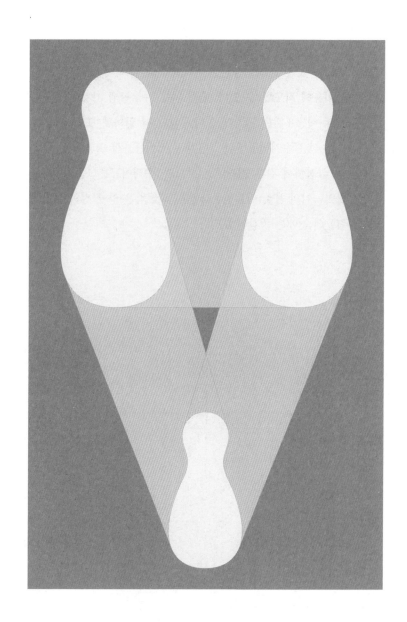

선분의 이등분선

線分의 二等分線 segment bisector

선분을 같은 길이의 두 선분으로 나누는 직선. 특히 원래의 선분과 수직으로 만나는 것을 '수직이등분선'이라고 한다. 수직이등분선은 자와 컴퍼스를 이용해 작도할 수 있다. 덧셈 기호 '+', 곱셈 기호 '×'는 두 선분이 서로 이등분하는 관계에 있다. 십자가나 알파벳 'T'의 가로선에 대한 세로선은 수직이등분선이 된다. 수직이등분선 위의 모든 점은 선분의 양 끝점에서 같은 거리에 있으므로, 수직이등분선을 따라 올라가는 불꽃놀이의 불꽃(이등변삼각형의 꼭짓점)은 양 끝점의 위치에 있는 사람들의 눈에는 똑같이 보인다.

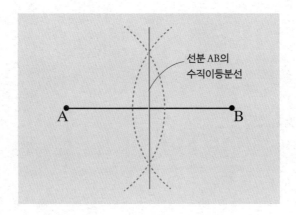

선분 AB의
수직이등분선

A   B

🔗link 직선/p.38, 수직/p.108

각의 이등분선

角의 二等分線 angle bisector

각을 같은 크기의 두 각으로 나누는 직선. 각의 이등분선도 자와 컴퍼스를 사용하여 작도할 수 있다. 먼저 수직이등분선을 이용하면 직선, 즉 $180°$인 각을 이등분하여 $90°$를 작도할 수 있다. 그 $90°$를 다시 반으로 나누고, 또 반으로 나누는 방식으로 각도기를 사용하지 않고 자와 컴퍼스로 $180°$, $90°$, $45°$, $22.5°$, $11.25°$, …를 정확하게 그릴 수 있다. 또한, 정삼각형을 작도하여 $60°$를 얻을 수 있으며, 같은 방법으로 $30°$, $15°$, …도 만들 수 있다. 한편, 선분의 삼등분선은 작도할 수 있지만, 각의 삼등분선은 작도할 수 없다는 것이 증명되었다.

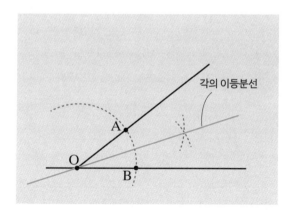

각의 이등분선

∞ link 직선/p.38, 삼각형/p.48, 각/p.54, 증명/p.116, 종이접기의 수학/p.303

중점 연결 정리

中點連結定理 midpoint theorem

삼각형의 두 변의 중점을 연결한 선분은 나머지 한 변과 평행하며, 그 길이는 나머지 변의 절반이 된다는 정리. 여기서 중점은 선분의 길이를 이등분하는 점을 말한다. 두 변의 중점을 연결한 선분을 한 변으로 하는 작은 삼각형은 원래의 삼각형과 닮음이다. 이 작은 삼각형과 나머지 부분인 사다리꼴의 넓이의 비는 1:3이다. 또한, 세 변의 중점 3개를 연결한 세 선분은 원래의 삼각형을 4개의 삼각형으로 나누며, 이 4개의 삼각형은 모두 합동이다. 삼각뿔에서 한 꼭짓점에 모이는 세 변의 중점 3개를 연결하면 삼각형이 만들어진다. 이 작은 삼각형은 그 꼭짓점과 마주 보는 삼각형과 평행하며, 넓이는 $\frac{1}{4}$이 된다. 이것은 중점 연결 정리를 입체 도형에 적용한 경우라고 할 수 있다.

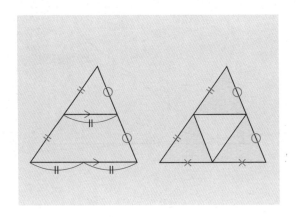

link 넓이/p.42, 삼각형/p.48, 비/p.80, 평행/p.106, 합동·닮음/p.110, 프랙털/p.272

체바의 정리

Ceva's theorem

삼각형의 세 변의 비에 관한 정리. 삼각형 내부의 한 점과 삼각형의 세 꼭짓점을 지나는 세 직선은 세 변을 각각 두 개의 선분으로 나눈다. 이때, 각 변에서 나눠진 두 선분의 비를 삼각형을 한 바퀴 돌 듯이 순서대로 곱하면 그 값은 1이 된다는 내용이다. 이 정리는 삼각형의 외부에서 한 점을 선택해도 성립한다. 삼각형의 무게중심을 지나는 세 직선은 세 변을 모두 1:1로 나누기 때문에 $\frac{1}{1} \times \frac{1}{1} \times \frac{1}{1}$이므로, 1이 된다. 체바의 정리가 나타내는 성질은 수식을 사용하지 않고 넓이의 비율로 생각할 수도 있어 퍼즐처럼 즐길 수 있다.

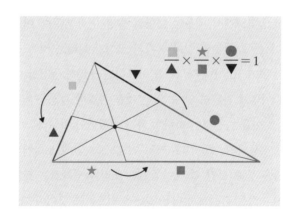

ᴄᴅlink 직선/p.38, 넓이/p.42, 삼각형/p.48, 비/p.80

증명

證明 proof

어떤 명제가 참임을 보이는 과정. 여기서 명제란 참과 거짓을 명확히 판단할 수 있는 문장이나 식을 말한다. 예를 들어, '어떤 수의 제곱이 홀수라면 원래의 수도 홀수이다'라는 명제가 참임을 증명하려면, 단순히 그것이 사실이라거나 내가 그렇게 생각한다는 주장만으로는 충분하지 않다. 누구에게나 비판 없이 받아들여지고 모든 사람이 납득할 수 있도록 논리적으로 정리하는 과정이 바로 증명이다. 참으로 증명된 명제는 '정리'라고 하며, 이러한 정리들이 차곡차곡 쌓이면서 수학은 발전해 왔다.

적은 전제와 많은 결론

증명이라는 말만 들어도 얼굴을 찌푸리는 사람이 많다. 계산이나 방정식 풀이에는 자신 있지만, 증명은 전혀 다른 문제라고 말하는 사람도 있다. 특히 중학교에서 배우는 도형의 증명 문제 때문에 이런 인상이 남았을지 모른다. 선분의 길이나 각의 크기가 같다는 것은 눈으로 보면 대충 알 수 있고, 자나 각도기를 사용하면 정확히 측정할 수도 있다. 그런데 왜 이렇게 간단히 알 수 있는 것을 복잡한 과정을 거쳐 증명해야 할까? 그 이유는 증명이 하나의 특정 상황만이 아니라 다른 상황에도 똑같이 적용되기 때문이다. 자로 잰 값은 눈앞의 도형에만 해당되지만, 증명을 통해 보인 결과는 동일한 조건을 만족하는 모든 도형에서 성립한다. 적은 전제에서 많은 결론을 얻으려는 것이 수학이다.

🔗 link 유클리드 기하학/p.104, 삼단논법/p.117, 배리법/p.121, 수학적 귀납법/p.122, 4색 문제/p.270

삼단논법

三段論法 syllogism

서로 내용이 연관된 2개의 명제를 전제로 하여 새로운 하나의 결론을 이끌어 내는 방법. 예를 들어, '새끼 고양이는 고양이이다'와 '고양이는 동물이다'라는 두 전제에서 '새끼 고양이는 동물이다'라는 결론을 얻는 것과 같다. 즉, A→B와 B→C에서 A→C를 이끌어 낸다고 표현할 수 있다. 여기서 '고양이는 동물이다' 등의 명제가 실제로 참인지 여부는 고려하지 않는다. 삼단논법은 주어진 두 전제에서 결론을 반드시 얻게 된다는 것을 나타낸다. 아리스토텔레스는 삼단논법과 유사한 여러 유형의 추론, 심지어 거짓인 것들까지 분류하고 정리했다. 삼단논법은 영어로 syllogism이며, 그 어원은 '마음속에서 함께 생각하다', '계산하다'를 뜻한다.

📖 link 증명/p.116, 배중률/p.118, 집합/p.210

배중률

排中律 law of excluded middle

어떤 명제가 성립하거나 성립하지 않거나 둘 중 하나이며, 그 중간은 없음을 나타내는 논리적 법칙. '참'과 '거짓' 사이의 중간을 배제한다고 해서 배중률이라고 부른다. 예를 들어, '이 과일은 사과이거나 사과가 아니거나 둘 중 하나이다'라는 명제를 생각해 보자. 이를 부정하여 '이 과일은 사과이면서 사과가 아니다'라고 주장한다면 웃음거리가 될 수 있다. 하지만 배중률이 성립하지 않는 경우도 검토되고 있다. 양자역학의 예로, 특별한 장치가 설치된 상자 안에 든 고양이의 생사는 상자를 열어보기 전까지는 알 수 없어 '살아 있으면서 동시에 죽어 있는' 상태로 간주된다. 이는 '슈뢰딩거의 고양이'라는 유명한 사고 실험이다. 일상생활에서 '참이냐 거짓이냐'는 명확히 구분할 수 있을 것 같지만, '좋아하느냐 싫어하느냐'처럼 배중률이 성립하지 않는 경우도 있을 수 있다.

ⓒ🅓 link 슈뢰딩거 방정식/p.271, 진릿값/p.295, 퍼지 논리/p.298

대우

對偶 contraposition

'○이면 △이다'라는 명제에 대해 '△가 아니면 ○가 아니다'를 원래 명제의 대우라고 한다. 예를 들어, '개이면 동물이다'라는 명제의 대우는 '동물이 아니면 개가 아니다'이다. 즉, '~이면'의 앞과 뒤를 바꾸고 둘 다 부정한 형태가 대우이다. 원래의 명제와 그 대우는 참과 거짓이 일치한다. '검지 않으면 달지 않다'라는 주장은 참인지 거짓인지 판단하기 어렵지만, 그 대우인 '달면 검다'로 생각해 보면, '달지만 검지 않은' 백설탕을 떠올리면서 처음의 주장이 틀렸음을 알 수 있다. 대우는 명제의 참과 거짓을 판단하는 데 유용하게 활용할 수 있다. 그럼에도 헷갈릴 때는 벤다이어그램을 사용하는 것도 도움이 된다.

🔗 link 증명/p.116, 벤다이어그램/p.212, 진릿값/p.295, NAND/p.296

배리법

背理法 proof by contradiction

어떤 명제의 결론을 부정하고, 그 부정으로부터 모순을 끌어내어, 원래 명제가 참임을 보이는 간접 증명 방법. 귀류법이라고도 한다. 배리법은 어떤 명제가 참임을 직접 증명하기 어려울 때 유용하며, "○○가 아니 다'가 아니다'와 같은 이중부정을 사용하는 증명 방법이라고 할 수 있 다. 이중부정은 말하자면 '동전의 뒷면의 뒷면은 앞면이다'와 같은 의 미이다. 소수는 무한히 많다는 것과 $\sqrt{2}$ 는 무리수라는 것도 배리법으 로 증명할 수 있다.

link 짝수·홀수/p.28, 무한/p.77, 소수/p.78, 증명/p.116, 대우/p.120, 유리수·무리수/p.143

수학적 귀납법

數學的歸納法 mathematical induction

자연수의 성질을 증명하는 방법. 자연수의 어떤 성질 P에 대해 (i) $n=1$일 때 성립하고, (ii) $n=○$일 때 성립한다고 가정하면, $n=○+1$일 때도 성립함을 보임으로써 '모든 자연수에서 P가 성립한다'는 결론을 내릴 수 있다. 이는 (i)에서 $n=1$일 때 성립하고, (ii)에서 ○=1로 가정하면 1+1인 2일 때도 성립하며, 이후 도미노처럼 3, 4, 5, …등 모든 자연수에 대해 성립한다는 논리에 근거한 것이다. 수학적 귀납법에 따르면, '먹은 다음 날도 반드시 먹게 되는 초콜릿'이라면 한 번 먹기 시작하면 매일 먹게 된다.

🔗 link   자연수/p.19, 증명/p.116, 삼단논법/p.117, 전칭 명제/p.123, 페아노 공리/p.217

전칭 명제
全稱命題 universal proposition

주어에 '모든'이 붙은 주장. 예를 들어, '모든 4의 배수는 짝수이다'와 같은 명제가 이에 해당한다. 한편, '어떤 짝수는 4의 배수이다'와 같이 '어떤'으로 시작하는 주장은 존재 명제 또는 특칭 명제라고 한다. 일반적으로 명제는 참인지 거짓인지에 상관없이 그것을 판단할 수 있으면 명제이다. 예를 들어, '모든 짝수는 4의 배수이다'는 참이 아닌 전칭 명제의 한 예이다. '모든'을 나타내는 $\forall$는 All의 머리글자 A를, '어떤'을 나타내는 $\exists$는 Exist의 E를 뒤집어 만든 기호이다. 맨 앞의 예를 기호로 나타내면, '$\forall n \in \mathbb{N}$에 대해 $\exists m \in \mathbb{N}$에서 $n = 4m$이면, $\exists l \in \mathbb{N}$에서 $n = 2l$'이 된다.

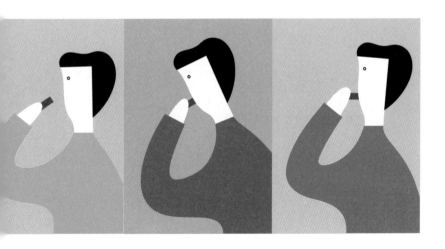

link 배수·약수/p.30, 증명/p.116

삼각비

직각삼각형의 변의 길이에 관한 비. 직각삼각형의 '높이:빗변', '밑변: 빗변', '높이:밑변'의 비를 각각 $\sin\theta$, $\cos\theta$, $\tan\theta$로 나타낸다. sin, cos, tan는 각각 사인, 코사인, 탄젠트라고 읽는다. θ는 세타라고 읽는 그리스 문자로, 아래 그림의 직각삼각형의 왼쪽 아래 각도를 나타낸다. θ가 정해지면 직각삼각형의 모양이 결정되며, 따라서 삼각비도 결정된다. $\sin30° = \dfrac{1}{2}$ 은 왼쪽 아래 각이 30°인 직각삼각형에서 '높이:빗변'의 비가 1:2임을 나타낸다. 너비 23cm, 높이 21cm인 계단의 경사각을 θ라고 하면 $\tan\theta = \dfrac{21}{23}$ 이 되고, 이를 만족하는 θ는 약 42.4°이다.

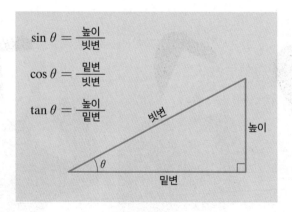

$$\sin\theta = \frac{높이}{빗변}$$

$$\cos\theta = \frac{밑변}{빗변}$$

$$\tan\theta = \frac{높이}{밑변}$$

삼각비에 익숙해지는 요령

삼각비에 익숙해지기 위한 요령은 두 가지가 있다.

요령 1

sin과 θ를 따로 떼어 놓지 말고, $\sin\theta$를 하나의 수로 생각하자. $\cos\theta$나 $\tan\theta$도 마찬가지이다. 여기서 하나의 수라는 것은 x 등 하나의 문자로 표현할 수 있다는 의미이다.

요령 2

직각삼각형의 '빗변'을 1로 설정하는 것이다. 예를 들어, $\cos\theta = \dfrac{1}{3}$ 은 '밑변:빗변'이 1:3이라는 뜻이다. 이때, '빗변'을 1로 하면 '밑변'은 $\dfrac{1}{3}$ 이 된다. 즉, $\cos\theta$는 '밑변'의 길이 그 자체를 나타낸다.

삼각비의 중요한 성질인 $(\cos\theta)^2 + (\sin\theta)^2 = 1$은 처음에는 복잡해 보일 수 있지만, '밑변', '높이', '빗변'의 길이가 순서대로 $\cos\theta$, $\sin\theta$, 1인 직각삼각형을 그려 보면, 이 식이 바로 피타고라스의 정리임을 알 수 있다.

link 삼각형/p.48, 피타고라스의 정리/p.50, 비/p.80, 삼각함수/p.126, 사인 법칙·코사인 법칙/p.132

삼각함수

三角函數 trigonometric function

삼각비로 각의 크기를 나타내는 함수. 직각삼각형의 '빗변'을 1로 설정하면, $\sin\theta$와 $\cos\theta$는 비가 아니라 '높이'와 '밑변'의 길이 자체를 나타낸다. '빗변'이 1인 직각삼각형에서 아래 그림과 같이 왼쪽 아래 각 θ의 크기를 바꾸면, 오른쪽 위의 꼭짓점은 반지름이 1인 원을 그리게 된다. 예를 들어, 각이 $0°{\to}30°{\to}90°{\to}150°{\to}180°$로 변화하면 '높이'의 길이인 $\sin\theta$는 $0 \to \dfrac{1}{2} \to 1 \to \dfrac{1}{2} \to 0$과 같이 올라갔다가 내려간다. $180°$부터는 내려갔다가 올라가고, $360°$부터는 같은 움직임이 반복된다. 이처럼 삼각함수, 특히 $\sin\theta$와 $\cos\theta$는 파동의 형태를 나타낸다.

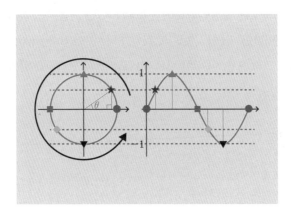

노이즈 캔슬링의 원리

$\sin\theta$와 $\cos\theta$의 그래프를 그리면 '파동'의 형태로 나타난다. 파동은 덧셈이 가능하다. 좌우에서 오는 두 파동이 만날 때, 파동의 높은 부분끼리 겹치면 더욱 높아지고, 낮은 부분과 높은 부분이 겹치면 0이 되어 파동이 사라지는 것과 같다. 특히, 고저가 정확히 반대인 두 파동이 겹치면 파동이 완전히 사라진다. 이 원리를 응용한 것이 노이즈 캔슬링이다. 헤드폰이 주변 소음의 파동을 감지한 후 그와 반대되는 파동을 헤드폰 자체에서 생성해 무음을 만들어 낸다. 그 결과, 우리는 음악의 파동만을 듣게 된다. 몰입의 순간은 삼각함수 덕분에 찾아온다.

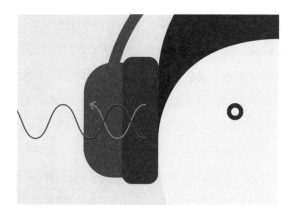

🔗 **link** 삼각비/p.124, 함수/p.148, 드무아브르의 정리/p.190, 오일러의 공식/p.191

작도의 의미

    자유롭게 그림을 그리는 일은 즐겁다. 처음으로 종이와 연필을 손에 쥔 아이는 연필을 제대로 잡지도 못하면서 삐뚤빼뚤 그림을 그린다. 가르쳐 주지 않아도 즐겁게 그림을 그리는 아이를 보고 있으면, 그림과 도형이 인류 문화의 뿌리와도 같다는 생각이 든다.

    반면, 수학의 작도는 어렵다. 자로는 직선만 그릴 수 있고, 컴퍼스로는 원이나 호를 그리거나 같은 길이를 재는 것만 가능하다. 자의 눈금은 사용할 수 없고, 각도기도 쓸 수 없다. 도구도 제한되고 규칙도 많아 귀찮고 어렵다. 마음에 드는 도구로 마음껏 그리던 어린 시절의 자유로움은 어디로 갔는지 답답하기만 하다.

    작도란 누가 어디에서 어떤 도구로 '원'이라고 하면 특정한 그 도형을 의미하도록 정하는 일이다. 자나 컴퍼스를 쓸 것인가, 자유롭게 그릴 것인가. 손재주가 있는가, 없는가. 땅에 그릴 것인가, 종이에 그릴 것인가. 생각해 보면 우리가 보는 도형은 실제로는 매우 다양하다. 하지만 어떻게 그리느냐에 따라 '원'의 의미가 달라진다면 오늘의 '1'과 내일의 '1'의 의미가 달라지는 것만큼 혼란스러울 것이다. 그래서 도형을 규칙화하여 시간과 장소에 따라 생길 수 있는 차이를 없앤다. 이것이 작도의 의미이다.

    유클리드의 『원론』에서는 '점이란 부분이 없는 것'을 시작으로 직선, 각, 원, 삼각형, 사각형 등 도형과 평행, 수직, 합동, 닮음 등 도형의 성질을 언어로 엄격하게 정의했다. 이 언어에 의한 규칙을 도형으로 재현하는 것이 눈금 없는 자, 컴퍼스를 사용하는 작도이다.

노트에 그린 원은 2차원의 도형이며, 이 원을 3차원으로 확장한 것이 구이다. 그러나 4차원이나 그보다 더 높은 n차원의 원은 그림으로 그릴 수도, 눈으로 볼 수도 없다. 하지만 언어를 얻은 기하학은 이러한 고차원 도형들도 다룰 수 있게 되었다. 이를 통해 기하학은 눈에 보이는 형태에서 해방되었다.

기하학의 규칙화는 다른 수학 분야에도 영향을 미쳤다. 원래 문장형 문제나 방정식은 실제로는 우리 눈에 보이지 않는 추상적 개념을 언어나 기호로 표현한 것이다. 수도 마찬가지이다. 0이나 π는 물론이고 1조차 그 자체를 눈으로 보는 것은 불가능하다. 애초에 '눈에 보이지 않는' 수학은 언어의 규칙과 잘 맞았다. 적은 규칙으로 문제나 과제를 파악하고, 모두가 이를 함께 검토한다. 더 나아가 '예를 들어, $2+3 \neq 3+2$라면…'과 같이 규칙을 조정해 가며 다양한 수학을 만들어 내기도 한다. 다양한 수학이 존재한다는 것은 다양한 언어를 알고 있다는 것과 같다.

규칙이 많은 작도는 확실히 복잡하고 어렵다. 하지만 그 뒤에 있는 원리를 이해하면 더 큰 자유를 얻을 수 있다. 작도에 익숙해지면 원이나 삼각형은 평면에서 벗어나 더 넓은 차원으로 나아가게 된다.

∫

PART 03

VI

중근세

근대 전기

사인 법칙·코사인 법칙

law of sines·law of cosines

삼각비에 관한 2가지 법칙. 삼각형에서 변과 마주 보는 각을 대각이라고 하는데, 대각이 클수록 마주 보는 변도 길어진다. 사인 법칙은 이 성질을 수식으로 나타낸 것이다. 코사인 법칙은 피타고라스의 정리에서 '직각'이라는 조건을 제외한 법칙이다. 즉, 코사인 법칙의 특수한 경우가 피타고라스의 정리라고 할 수 있다. 삼각형의 세 변의 길이가 3, 4, 5일 때 $3^2 + 4^2 = 5^2$을 만족하므로 피타고라스의 정리에 의해 직각삼각형이 된다. 반면, 세 변의 길이가 3, 4, 4일 때는 예각삼각형, 3, 4, 6일 때는 둔각삼각형이 된다는 것을 코사인 법칙으로 알 수 있다.

회전과 직선을 연결하다

빙글빙글 도는 팽이와 일직선으로 날아가는 공. 회전과 직진은 서로 다른 운동이다. 회전운동과 직선운동을 상호 변환하는 장치인 크랭크 기구는 과거에는 증기기관차, 오늘날에는 발전기 등에 사용되고 있다. 회전은 각도로, 직선은 길이로 측정된다. 이처럼 성질이 다른 이 2가지를 연결하는 수학이 바로 $\sin\theta$와 $\cos\theta$, 특히 사인 법칙과 코사인 법칙이다. 자전거의 경우, 페달을 상하로 번갈아 밟으면 직선운동(상하 왕복운동)이 생기고, 이 운동이 페달의 회전운동을 만들어 낸다. 즉, 자전거를 타는 우리 자신이 크랭크 기구의 일부가 되는 셈이다. 하지만, 자전거를 타면서 사인 법칙이나 코사인 법칙을 떠올리는 사람은 많지 않을 것이다.

link 직선/p.38, 피타고라스의 정리/p.50, 각/p.54, 원/p.58, 삼각비/p.124

133

피보나치수열

Fibonacci sequence

1, 1로 시작하고, 세 번째 항부터는 바로 앞의 두 수를 더한 수로 이루어진 수열을 피보나치수열이라고 한다. 1, 1, 2, 3, 5, 8, 13, 21, …로 무한히 이어진다. 피보나치수열의 각 항에 있는 수를 피보나치 수라고한다. 1:1, 1:2, 2:3, 3:5, 5:8, 8:13 등 이웃한 두 수의 비는 황금비인 1:1.618…에 점점 가까워지며, 무한대로 가면 완전히 일치한다. 또한, 파스칼의 삼각형에 나타나는 수를 대각선으로 더하면 피보나치수열이 나타난다. 피보나치수열은 꽃잎의 수나 해바라기 씨앗의 배열 등에서도 관찰된다.

수의 역사 ▶ **피보나치**

13세기 이탈리아의 수학자. '피보나치'라는 이름은 후대의 수학사학자들이 붙인 것으로, '보나치의 아들'이라는 뜻이다.

link 수열/p.32, 무한/p.77, 비/p.80, 황금비/p.82, 파스칼의 삼각형/p.91

학구산

鶴龜算 crane-turtle problem

학과 거북이는 모두 ○마리, 다리의 개수는 모두 △개일 때, 학과 거북이는 각각 몇 마리인지 구하는 문제. 학구산은 학(鶴), 거북(龜), 셈(算)이 합쳐진 말로, 수학에서 유명한 문장형 문제 중 하나이다. 학의 수를 x, 거북이의 수를 y라고 하면, 연립방정식 $x+y=○$, $2x+4y=△$를 만들어 풀 수 있다. 여기에 '날개의 개수는 모두 □'라는 조건을 더하면 학과 거북이 외에 다리가 6개인 나비를 포함하는 문제로 만들 수 있다. 중국 한나라 때의 수학 책 『손자산경』에도 비슷한 문제가 실려 있는데, 여기에는 학과 거북이가 아니라 꿩과 토끼로 되어 있다.

달라지는 다리의 개수

학과 거북이가 총 15마리, 다리의 개수는 총 40개라고 하자. 모두 학이라면 다리의 개수는 $2 \times 15 = 30$개, 거북이 한 마리만 있다면 $2 \times 14 + 4 \times 1 = 32$개가 된다. 모두 거북이라면 다리의 개수는 $4 \times 15 = 60$개가 된다. 이처럼 학과 거북이의 수가 바뀔 때마다 다리의 개수는 30과 60 사이에서 변한다. 이 문제는 풀이 방법을 모르더라도 시행착오를 거치면서 답에 도달할 수 있다. 초등학교에서는 표를 그리거나 규칙을 찾아서 풀고, 중학교에서는 연립방정식, 고등학교나 대학교에서는 행렬을 사용하여 풀 수 있다. 학과 거북이의 다리 개수가 몇 개인지 알아내는 것이 과연 중요한가, 라고 생각할 수도 있다. 하지만 이 문제에 조금만 진지하게 접근해 보면 하나의 문제를 다양한 관점에서 바라보는 습관을 기를 수 있다.

link 넓이/p.42, 문자식/p.88, 방정식/p.94, 연립방정식/p.97, 행렬/p.184

평균

平均 mean

주어진 수를 모두 더한 다음, 더한 수의 개수로 나눈 값. 예를 들어, 10과 20과 60을 더하면 90이고, 더한 수의 개수는 3개이므로 평균은 $\frac{10+20+60}{3}=30$이 된다. 60과 80의 평균이 70인 것처럼, 두 수의 평균은 수직선 위에서는 그 두 수의 중간에 위치한다. 시험 평균 점수나 평균 키처럼, 평균과 비교하면 자신이 전체에서 어느 위치에 있는지 알 수 있다. 일본 입시 제도의 상대평가 지표인 편찻값은 시험 평균 점수를 편찻값 50으로 할 때의 학력을 나타낸다. 어른이든 아이든 평균과 비교하며 일희일비하기 쉽다. 사람들은 자신이 알든 모르든 평균을 중요하게 여기고 좋아하는 것 같다.

어느 팀이 더 강할까?

평균은 집단을 대표하는 값이다. 경기에서 맞붙는 두 축구팀 중 어느 쪽이 더 키가 큰지 알아보려면, 각 팀의 평균 키를 비교하는 것이 한 명씩 비교하는 것보다 효율적이다. 예를 들어, 174cm인 선수가 5명, 176cm인 선수가 5명, 175cm인 선수가 1명인 팀과, 173cm인 선수가 10명, 195cm인 선수가 1명인 팀이 있다고 해 보자. 이 두 팀의 평균 키는 모두 175cm로 차이가 없다. 그렇다면, 이 두 팀 중 어느 팀이 더 강할까? 혹은 이 두 팀 중 어느 팀의 감독이 되고 싶을까? 평균이 다를 때는 물론이고, 설령 차이가 없더라도 이런 질문에 대해 생각해 보면 재미있을 것이다.

🔗link   분수/p.138, 수직선/p.180, 통계/p.250, 분산/p.252, 회귀분석/p.254

백분율

百分率 percentage

전체를 100으로 했을 때의 비율. 기호 %로 표기하며, 퍼센트라고 읽는다. 예를 들어, 카레로 유명한 가게에서 손님의 50%가 카레를 주문한다고 하면, 손님 100명 중 50명은 카레를 먹는 것이다. 이는 비율로 따지면 10명 중 5명, 2명 중 1명이 카레를 주문하는 셈이어서 인기 상품이라 할 수 있다. 100%는 '반드시', 0%는 '전혀 없다'를 의미하며, 200%는 전체 100에 대해 200, 즉 2배를 나타낸다. '할'은 전체를 10으로 봤을 때의 비율을 의미하며, 앞의 예에서 카레를 주문하는 사람은 5할에 해당한다. 한 신문의 설문 조사에 따르면, 강수 확률이 30%인 날에는 약 49%의 사람이 우산을 챙겨서 외출한다고 한다.

co link 비/p.80, 분수/p.138, 소수/p.140, 확률/p.247, 통계/p.250

분수

分數 fraction

주로 2개의 정수로 나타내는 수. $\frac{1}{2}$ 등. 가로선 위의 수를 분자, 아래의 수를 분모라고 한다. $\frac{1}{2}$은 1÷2와 같으며 0.5를 나타내고, '1개의 케이크를 두 사람이 똑같이 나눌 때의 양'과 같은 의미이다. 분자와 분모가 모두 양의 정수이고, $\frac{1}{2}$처럼 '분자<분모'인 것을 진분수, '분자>분모'인 것을 가분수라고 한다. 가분수 $\frac{7}{3}$은 $2\frac{1}{3}$이라고 쓰기도 하는데, 이를 대분수라고 한다. $2+\frac{1}{3}$을 의미하는 $2\frac{1}{3}$은 $\frac{7}{3}$보다 대략적인 크기를 파악하기 쉽다. 하지만, 중학교 이후의 수학에서는 $2\frac{1}{3}$은 $2\times\frac{1}{3}$을 나타내기 때문에, 이때부터 대분수는 사용하지 않는다.

형은 언제나 조금 더 크다

나는 8살, 형은 12살이다. 몇 배인지 계산해 보면 12÷8로 1.5배이다. 엄마가 초콜릿 25개를 주며 "나이의 비에 따라 나눠 먹으렴"이라고 하셨다. 12:8=15:10이므로 형은 15개, 나는 10개. 이것도 1.5배이다. 용돈은 형이 1200원, 나는 800원을 받는다. 분수로 표현하면 $\frac{1200}{800}=\frac{3}{2}$으로, 이것 역시 1.5이다. 비, 나눗셈, 분수, 그리고 비율은 서로 본질적으로 같은 것이라는 걸 이때 깨달았다. 20년이 지난 지금, 나이의 비율은 $\frac{32}{28}=\frac{8}{7}\approx1.14$이다. 초콜릿도 용돈도 더 이상 받을 수 없지만, 형은 여전히 조금 더 크다.

link 배수·약수/p.30, 비/p.80, 백분율/p.137, 소수/p.140, 유리수·무리수/p.143

소수

小數 decimal

일의 자리보다 작은 자리의 값을 가진 수. 0.5나 3.141처럼 소수점 '.' 의 오른쪽에서 1보다 작은 수를 나타낸다. 수직선에서 0과 1 사이를 10 등분하는 것이 0.1, 0.2, 0.3, …, 0.9이다. 더 나아가 0.0과 0.1 사이를 10등분하면 0.01, 0.02, 0.03, …, 0.09처럼 얼마든지 더 세밀하게 나눌 수 있다. 정수는 소수점 아래에 수가 없는 소수로 생각할 수도 있다. 오늘날에는 소수가 흔히 사용되지만, 소수가 탄생한 것은 16세기 무렵으로 분수보다 훨씬 나중에 등장했다. 비율을 소수로 나타낼 때는 할 (割)=0.1, 분(푼, 分)=0.01, 리(厘)=0.001과 같은 단위를 사용하기도 하며, 주로 야구의 타율을 표현할 때 쓰인다.

link 백분율/p.137, 분수/p.138, 유한소수·순환소수/p.141, 수직선/p.180, 연속체 가설/p.215

유한소수·순환소수

有限小數·循環小數 finite decimal · infinite decimal

0.5나 3.456처럼 소수점 아래 0이 아닌 수가 유한개(셀 수 있는 개수)인 소수를 '유한소수', 0.666…이나 12.3412341234…와 같이 소수점 아래의 수가 일정한 배열로 끝없이 반복되는 소수를 '순환소수'라고 한다. 이러한 소수는 모두 분자와 분모가 정수인 분수로 나타낼 수 있다. 앞서 나온 4개의 소수는 순서대로 $\frac{1}{2}$, $\frac{432}{125}$, $\frac{2}{3}$, $\frac{123400}{9999}$이 된다. 2나 340과 같은 정수의 경우, 소수점 아래에 수가 없는 것도 유한개라고 볼 수 있기 때문에 유한소수로 간주할 수 있다. 반면, 원주율 $\pi = 3.141592\cdots$나 $\sqrt{2} = 1.414213\cdots$ 같은 무리수는 유한소수도 순환소수도 아니다. 유한소수와 순환소수, 무리수를 합친 것이 실수이다.

∞ link 원주율/p.60, 분수/p.138, 소수/p.140, 실수/p.142, 유리수·무리수/p.143

실수

實數 real number

소수로 나타낼 수 있는 수. 대부분의 사람이 생각하는 '수'는 실수일 것이다. 말하자면 '일반적인 수'이다. 실수는 유리수와 무리수로 나뉜다. 수직선 위에서 유리수는 띄엄띄엄 위치해 있다. 1과 2는 물론이고, 0.001과 0.002 등 아무리 세밀하게 나누어도 여전히 띄엄띄엄 있다. 이 유리수와 유리수 사이의 틈을 메우는 것이 무리수이다. 틈이 메워져 수가 촘촘하게 채워져 있는 것을 '연속'이라고 한다. 유리수만으로는 연속이 될 수 없고, 무리수를 포함한 실수에서 비로소 연속이 된다. 미분과 적분에서 연속은 필수적인 개념이다. 즉, 실수를 알아야만 미분과 적분이 가능해진다.

띄엄띄엄 있는 수와 연속적인 수

수직선을 1이라는 점에서 딱 자르면, 1은 수직선의 왼쪽 또는 오른쪽 어느 한쪽에 속하게 될 것이다. 1이 왼쪽에 남으면 '1 이하'와 '1보다 큰 수'로, 1이 오른쪽에 남으면 '1보다 작은 수'와 '1 이상'으로 나뉜다. 수직선 위에 1.3, 1.4, 1.5와 같이 띄엄띄엄 있는 유리수만 있다고 가정하고, $\sqrt{2}=1.414\cdots$에서 자른다면 어떻게 될까? 유리수가 아닌 $\sqrt{2}$는 쏙 빠지고, '$\sqrt{2}$보다 작은 수', '$\sqrt{2}$보다 큰 수'로 나뉘게 되어 경계가 명확하지 않은 두 덩어리가 생긴다. $\sqrt{2}$를 포함하여 깔끔하게 나눌 수 있는 것은 실수 덕분이다.

유리수·무리수

有理數·無理數 rational number·irrational number

분자와 분모가 정수인 분수로 나타낼 수 있는 수를 '유리수', 유리수가 아닌 실수를 '무리수'라고 한다. 예를 들어, $\frac{24}{13}$에 대해 $\frac{24}{13}:1$의 비가 24:13이 되듯이, 유리수 $\frac{m}{n}$과 1의 비는 $m:n$, 즉 정수끼리의 비가 된다. 반면, 무리수와 1의 비, 예를 들어 $\sqrt{2}:1$은 아무리 노력해도 정수끼리의 비로 나타낼 수 없다. 무리수는 정수를 아름답다고 여기는 사람들에게는 받아들이기 어려운 존재였을 것이다. 유리수는 영어로 rational number라 하며, ratio는 비를 의미한다. 비가 없다고 해서 '무리한 수'라는 뜻의 무리수로 번역된 것은 어쩐지 가여운 느낌이다.

복소수			
실수			허수
유리수	무리수		
양의 정수 (자연수) / 유한소수	$\sqrt{2}$		$2+3i$ $-4i$
1 2 / $\frac{1}{2}$ $\frac{3}{4}$			
0			
음의 정수 / 순환소수	π		
-1 -2 / $\frac{1}{3}$ $\frac{8}{7}$			

↝ link 원주율/p.60, 제곱근/p.68, 비/p.80, 분수/p.138, 실수/p.142, 네이피어 수/p.174, 허수/p.186, 복소수/p.188

비례

比例 proportion

한쪽 값이 증가하면 다른 한쪽 값도 일정한 비율로 증가할 때, 이 두 값은 '비례 관계에 있다'고 한다. 이를 정비례라고도 부른다. 예를 들어, 시속 30km로 이동할 경우 1시간 후에는 출발 지점에서 30km, 2시간 후에는 60km 떨어진 지점에 도달한다. 이처럼 일정한 속도로 이동할 때, 경과 시간과 이동 거리는 비례 관계에 있다. 또한, 높이가 같은 삼각형에서 밑변의 길이와 넓이, 원의 반지름과 원주도 각각 비례 관계에 있다. 비례 관계에 있는 두 수량은 한쪽 값을 알면 다른 한쪽 값을 쉽게 추측할 수 있기 때문에, 두 값은 같은 방식으로 변화한다고 볼 수 있다.

비례, 직선, 일차함수

타이어가 4개 달린 자동차의 대수와 타이어의 총개수는 비례 관계에 있다. 자동차가 0대일 때는 타이어도 0개이므로, 자동차의 대수를 가로축, 타이어의 개수를 세로축으로 하는 그래프는 원점 (0, 0)을 지나는 직선이 된다. 잔액이 1만 원인 은행 계좌에 매달 천 원씩 저축할 경우, 경과한 개월 수와 저축액의 그래프도 직선이 된다. 다만, 이 그래프는 원점 (0, 0)이 아닌 점 (0, 10000)을 지나는 '약간 변형된 비례'가 된다. 비례와 '약간 변형된 비례'는 일차함수로 묶이며, 그래프가 직선으로 나타나므로 '선형'이라고 한다.

ᴄᴏ link 직선/p.38, 반비례/p.146, 일차함수/p.151, 절편/p.153, 데카르트 좌표/p.176, 선형 대수학/p.276, 여행자 문제/p.324

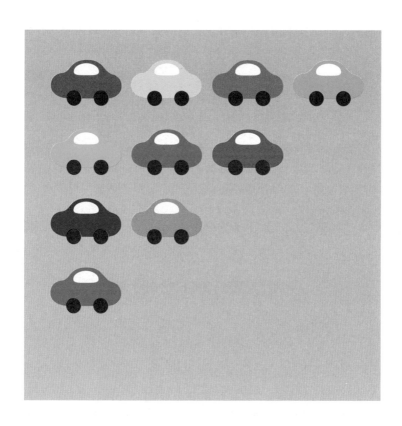

반비례

反比例 inverse proportion

한쪽을 n배 하면 다른 한쪽이 $\frac{1}{n}$배가 되는 두 값의 관계를 반비례라고 한다. 예를 들어, 넓이가 24인 직사각형에서 세로 변의 길이가 2에서 6으로 3배 늘어나면, 가로 변의 길이는 12에서 4로, 즉 3분의 1로 줄어든다. 이처럼 직사각형의 넓이가 일정할 때, 세로와 가로의 길이는 반비례 관계에 있다. 변화하는 두 값이 모두 양수라면 반비례 그래프는 오른쪽 아래로 내려가는 곡선이 된다. 무거운 물건을 옮기기는 힘들지만, 가벼운 물건은 더 멀리까지 옮길 수 있다. 이 관계는 '사용하는 힘×이동 거리＝일'이라는 식으로 나타낼 수 있다. 일이 일정할 때 힘과 거리는 반비례 관계에 있다.

두께는 없지만 넓이가 0이 아닌 도형

반비례 곡선은 위로 갈수록 세로축에, 오른쪽으로 갈수록 가로축에 한없이 가까워지지만, 축과 만나지는 않는다. 왜 그럴까? 예를 들어, 넓이가 10인 직사각형의 세로와 가로 변의 길이를 각각 세로축과 가로축으로 하는 그래프가 점 (10000, 0)에서 가로축과 만난다고 가정해 보자. 이는 가로 길이가 10000이고 세로 길이가 0인 직사각형의 면적이 10이라는 모순적인 상황을 의미하게 된다. 즉, 반비례 그래프가 축과 만난다면 '두께는 없지만 넓이가 0이 아닌 직사각형'이 생겨 버리는 셈이다. 축에 가까워지면서도 만나지 않는 것은 답답할 수 있지만, 이로써 '이상한 직사각형'이나 '0의 힘으로 하는 일'이 존재하지 않음을 확인할 수 있다.

🔗 link 넓이/p.42, 무한/p.77, 비례/p.144, 데카르트 좌표/p.176, 곡선/p.220, 작업량 문제/p.325

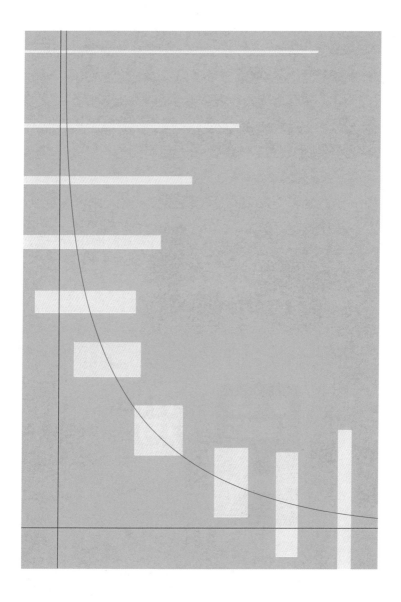

함수

函數 function

어떤 값이 정해지면 그에 따라 다른 값이 하나로 정해질 때, 그 다른 값을 원래 값의 함수라고 한다. 예를 들어, '2배 하기'는 1을 넣으면 2, 7을 넣으면 14가 나오는 함수이며, $y=2x$로 표현된다. 함수는 f 등 문자로 나타내는 경우도 있다. '2배 하기'를 예로 들면, $f(x)=2x$, $f(7)=14$가 된다. 함수는 돈을 넣고 버튼을 누르면 음료수가 나오는 자판기를 떠올리면 이해하기 쉽다. 버튼을 눌러 수를 정하면, 그에 대응하는 수가 톡 튀어나오는 방식이다. '제곱하기' 함수의 경우 3을 넣으면 9, -3을 넣어도 9가 나온다. 이는 자판기에서 2개의 버튼에 같은 음료수가 설정되어 있어, 둘 중 어느 버튼을 눌러도 같은 음료수가 나오는 경우와 같다.

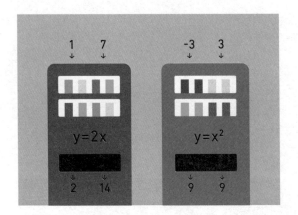

함수 그래프의 특징

서로 다른 값을 넣었을 때 같은 값이 나오는 것은 문제가 없지만, 같은 값을 넣었을 때 서로 다른 값이 나오는 것은 함수가 아니다. 이는 같은 버튼을 눌렀을 때, 어떤 때는 오렌지 주스가 나오고, 어떤 때는 커피가 나오는 자판기를 믿을 수 없는 것과 같다. 이를 아래의 함수 그래프로 생각해 보면, x축에 수평인 직선과 두 곳 이상에서 만나는 것은 상관없지만, x축에 수직인 직선과 두 곳 이상에서 만나서는 안 된다는 의미이다. 즉, 함수의 정의에 따라 어떤 값 x에 대해 다른 값 y는 하나로 정해져야 하기 때문이다. 롤러코스터에 비유하자면, 급상승과 급하강은 얼마든지 괜찮지만, 회전하는 것은 허용되지 않는다. 함수는 자판기와 같지만, 회전하는 롤러코스터는 아니다.

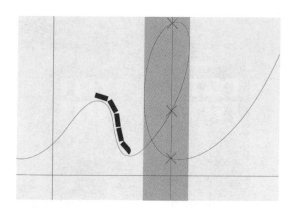

⟳ link 삼각함수/p.126, 역함수/p.150, 일차함수/p.151, 이차함수/p.152, 지수함수/p.194

역함수

逆函數 inverse function

함수에서 원래의 값과 정해지는 값을 서로 바꾸는 함수를 역함수라고 한다. 예를 들어, '2배 하기' 함수는 1을 2로, 3을 6으로 만들지만, 그 역함수는 2를 1로, 6을 3으로 만든다. 즉, '2배 하기'의 역함수는 '반으로 나누기'이다. 식으로 표현하면, '2배 하기'는 $y=2x$이고, 그 역함수는 x와 y를 서로 바꿔 $x=2y$, 이를 변형하여 $y=\dfrac{1}{2}x$가 되어 '반으로 나누기'가 된다. '제곱하기' 함수 $y=x^2$은 3과 -3을 모두 9로 만들기 때문에, 그 역함수는 존재하지 않는다. 마치 한 반의 출석 번호는 한 사람당 하나로 정해지지만, 이름이 같은 사람이 두 명 이상 있을 경우 이름만으로는 출석 번호를 정할 수 없는 상황과 같다.

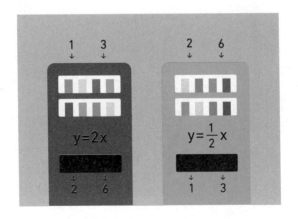

⊂⊃link 함수/p.148, 일차함수/p.151, 이차함수/p.152, 로그함수/p.196

일차함수

1次函數 linear function

일차식으로 표현되는 함수. 일차식이란 최고차항의 차수가 1인 식을 말한다. x에 따라 y가 정해지는 일차함수는 $y = ax + b$로 나타낼 수 있다. 비례는 일차함수의 하나로, 수식으로는 $b = 0$일 때이다. 예를 들어, 가입비가 1만 원이고 월 회비가 3천 원인 헬스클럽에 x개월 후 내야 할 총금액은 $3000x + 10000$이다. 이것은 일차식이므로, 총금액은 경과한 개월 수의 일차함수가 되며, 그래프로 나타내면 직선이 된다. 구불구불한 곡선을 수식으로 표현하기는 어렵다. 곡선 대신 그 접선, 즉 직선으로 생각하는 것이 미분이다. 우리는 변화하는 모습을 직선, 즉 일차함수로 이해한다.

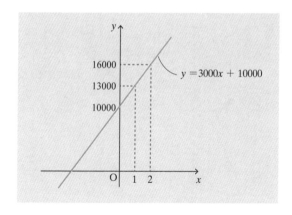

이차함수

2次函數 quadratic function

이차식으로 표현되는 함수. 식으로 표현하면 $y = ax^2 + bx + c$의 형태가 된다. 예를 들어, 반지름×반지름×원주율로 구하는 원의 넓이는 반지름을 x로 하면 πx^2으로 나타낼 수 있다. 따라서 원의 넓이는 반지름의 이차함수가 된다. 또 위로 던진 공의 높이는 공이 손에서 떠난 순간부터 경과한 시간의 이차함수가 된다. 이차함수의 그래프는 아래로 볼록하거나 위로 볼록한 포물선 모양이다. 이때, 최고차항 x^2의 계수 a의 값에 따라 그래프의 볼록한 방향이나 폭이 달라진다. 한편, 삼차함수 $y = ax^3 + bx^2 + cx + d$의 그래프에는 위로 볼록한 부분과 아래로 볼록한 부분이 모두 나타난다. 우리의 기분이나 인생은 몇 차 함수로 표현할 수 있을까?

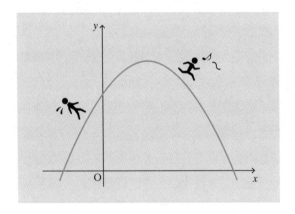

절편

截片 intercept

평면 위의 그래프가 y축과 만나는 점의 y좌표. y절편이라고도 한다. 직선을 나타내는 일차함수 $y=3x+4$에서 4가 절편이다. 그래프의 기울기를 나타내는 '3'과 절편 '4', 이 두 값에 의해 평면 위의 직선이 결정된다. 책상 위에 놓인 자는 자유롭게 회전시키거나 이동할 수 있지만, 자의 방향과 지나가는 한 점을 정하면 더 이상 움직일 수 없는 것과 같다. 또한, 그래프가 x축과 만나는 점의 x좌표를 x절편이라고 한다. 일차함수 $y=ax+b$에서는 $x=0$일 때 y절편을 구할 수 있고, $y=0$일 때 x절편을 구할 수 있다. 절편은 영어로는 intercept(인터셉트)라고 한다. 구기 종목에서 상대의 패스를 도중에 끊어 내고 가로채는 동작도 인터셉트이다. 축을 도중에 끊어 내는 것이 절편이라고 생각하면 좀 더 이해하기 쉬울 것이다.

타원

楕圓 ellipse

원을 한 방향으로 일정한 비율로 확대하거나 축소한 도형. 럭비공 같은 모양이다. 타원은 수직으로 만나는 두 선분에 대해 대칭인 도형이며, 이 두 선분을 각각 타원의 장축과 단축이라고 한다. 타원의 장축과 단축의 길이가 같아지면 원이 된다. 만약 타원형의 타이어를 단 자동차가 있다면, 장축과 단축의 길이의 차이 때문에 자동차가 굴러갈 때 위아래로 흔들릴 것이다. 타원과 원의 관계는 직사각형과 정사각형, 또는 직육면체와 정육면체의 관계와 비슷하다고 볼 수 있다. 각 면의 크기가 다른 직육면체 주사위는 정육면체 주사위에 비해 특정 숫자가 나올 가능성이 높고, 타원형인 럭비공은 둥근 공에 비해 어느 방향으로 튈지 예측하기 어렵다.

타원의 초점

원을 늘여 타원을 만들 때 원의 중심은 2개의 점으로 나뉘며, 이 두 점을 타원의 '초점'이라고 한다. 원형 당구대에서는 중심에서 친 공은 벽에 부딪힌 후 다시 중심으로 돌아온다. 반면, 타원형 당구대에서는 초점에서 친 공은 벽에 부딪힌 뒤 튕겨 나와 반드시 다른 쪽 초점을 지나간다. 이는 타원 위의 한 점과 초점을 지나는 두 직선이 그 점에서의 접선과 이루는 각이 항상 서로 같기 때문이다. 이 두 각은 원의 경우 항상 90°인데, 이는 원의 중심이 타원의 두 초점이 겹친 것이라고 생각하면 쉽게 이해할 수 있다.

🔗 link   각/p.54, 원/p.58, 수직/p.108, 합동·닮음/p.110, 원뿔 곡선/p.158

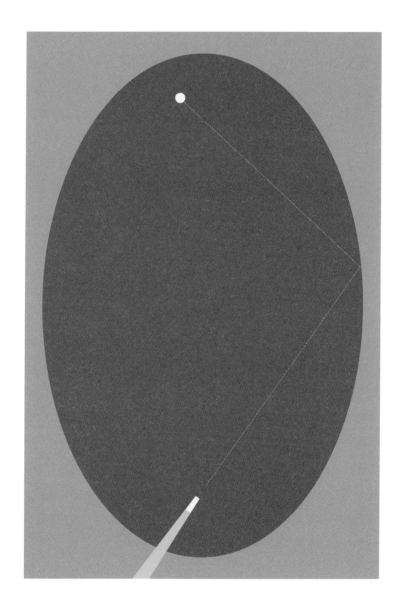

포물선

抛物線 parabola

비스듬히 위로 던진 물체가 그리는 곡선. $y = x^2$과 같은 이차함수로 표현할 수 있다. 일차함수는 직선이기 때문에, 이차함수는 수식으로 표현되는 선 중 가장 먼저 배우는 곡선이라고 할 수 있다. $y = x^2$의 그래프는 아래로 볼록한 ∪ 모양의 곡선으로, 가장 볼록한 부분(원점)을 기준으로 좌우대칭을 이룬다. 원점에서 멀어질수록 그래프의 기울기가 급해진다. 비스듬히 위로 던진 공이 그리는 포물선은 위로 볼록한 ∩ 모양으로, 수식으로는 $y = -x^2$처럼 음의 부호가 붙는다. 통신용 파라볼라 안테나는 안쪽으로 포물선 형태를 띠는 접시 모양으로 되어 있어, 들어온 전파를 반사해 포물선의 가운데로 모은다. 이를 통해 전파의 강도를 높일 수 있다.

물체를 멀리 던지려면

육상 경기의 투척 종목에는 창던지기, 포환던지기, 원반던지기, 해머던지기 4종류가 있다. 학교에서 진행하는 체력 평가에서는 소프트볼이나 핸드볼 공을 던진다. 이러한 경기나 평가를 하는 이유는 인간에게 '물체를 멀리 던지고 싶은 욕망'이 있기 때문이 아닐까? 물체를 바로 위로 던지면 가장 높이 올라가지만 결국 다시 제자리로 떨어진다. 바로 옆으로(수평으로) 던져도 날아가는 거리가 크게 늘지 않는다. 이론적으로 물체를 가장 멀리 던질 수 있는 각도는 45°로, 물체의 이동 경로인 포물선을 이차함수로 표현해 설명할 수 있다. 실제로 투척 4종목에서 최적의 각도는 30°~40°라고 한다.

link   각/p.54, 이차함수/p.152, 롤의 정리/p.170, 곡선/p.220

원뿔 곡선

圓뿔曲線 conic section

원뿔을 평면으로 자른 단면에 나타나는 곡선. 도로나 공사 현장에서 흔히 볼 수 있는 컬러 콘은 원뿔 모양으로, 이를 지면과 수평인 평면으로 자르면 단면은 오른쪽 그림의 (i) 원이 된다. 약간 비스듬한 각도로 자르면 (ii) 타원이 된다. 더 각도를 기울여, 컬러 콘을 정면에서 보았을 때 생기는 이등변삼각형의 비스듬한 변과 평행하게 자르면 (iii) 포물선이 나타난다. 한층 더 각도를 기울여 수직에 가깝거나 수직으로 자르면 (iv) 쌍곡선이라는 곡선이 나타난다. 포물선과 쌍곡선은 모양이 다르며, 일본의 고베 포트 타워는 쌍곡선 구조로 유명한 건축물이다. 원, 타원, 포물선, 쌍곡선을 합쳐 '원뿔 곡선'이라고 하며, 이들은 모두 이차방정식으로 표현할 수 있어 '이차 곡선'이라고도 부른다.

link 원/p.58, 이차방정식/p.96, 타원/p.154, 포물선/p.156, 데카르트 기하학/p.178

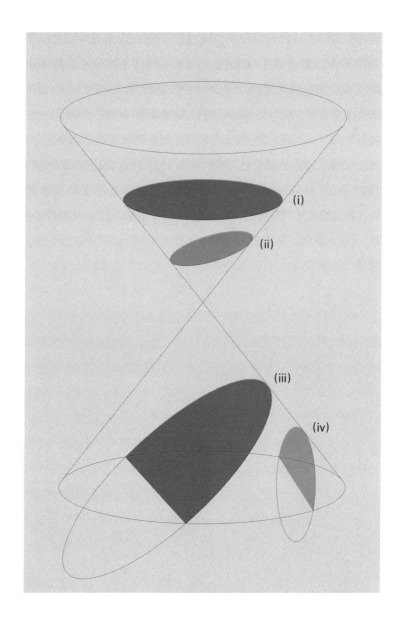

(i)

(ii)

(iii)

(iv)

미분

微分 differentiation

곡선에 접하는 직선, 즉 접선의 기울기를 구하는 것. 곡선의 접선은 상 승이나 하강 등 곡선의 대략적인 경향을 나타내며, 미분은 이를 도출 하는 방법이다. 예를 들어, x^2을 미분하면 $2x$가 된다. 이는 $y=x^2$ 그래 프에서 접선의 기울기는 $x=3$일 때는 $2x$에 3을 대입하여 6, $x=-1$일 때는 $2x$에 -1을 대입하여 -2가 된다는 것을 의미한다. $y=x^2$의 그래 프는 아래로 볼록한 포물선 형태이며, $x=3$일 때는 오른쪽 위로 올라 가고, $x=-1$일 때는 오른쪽 아래로 내려가므로, 미분을 통해 얻은 기 울기와 그래프의 모양이 일치함을 알 수 있다. x^3을 미분하면 $3x^2$이 되 고, 이를 기호로는 $(x^n)'$으로 나타낸다. 일반적으로 $(x^n)'=nx^{n-1}$이 성립 한다.

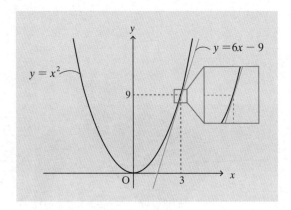

미분에 무한은 필수적이다

호스에서 세차게 뿜어져 나오는 물은 공중에서 곡선을 그리며 땅에 떨어진다. 이 곡선은 지구 중력에 의해 나타나는 것인데, 만약 중력이 없다면 물은 어떻게 나아갈까? 답은 호스 끝에서 뿜어진 순간, 물은 호스가 그리는 곡선의 접선 방향으로, 일직선으로 나아간다. 해머던지기에서도 선수를 중심으로 회전하던 해머가 선수의 손에서 떠나는 순간, 해머가 그리던 곡선의 접선 방향으로 날아간다. 곡선의 순간적인 방향을 나타내는 직선이 접선이며, 이 접선을 구하는 것이 '미분'이다. 여기서 순간이란 '무한'히 짧은 시간을 의미한다. 즉, 미분에 무한은 필수적이다.

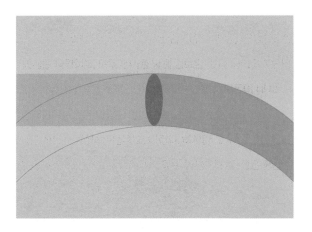

◌◌ link 직선/p.38, 무한/p.77, 포물선/p.156, 미분 방정식/p.162, 적분/p.164, 해석학/p.168, 극한/p.169, 뉴턴법/p.232

미분 방정식

微分方程式 differential equation

$y'=60$처럼 미분 기호($'$)가 포함된 방정식. 속도는 이동 거리를 시간으로 나눈 값, 즉 이동 거리를 미분한 값이므로, 미분 방정식 $y'=60$은 '시속 60km로 x시간 이동하면 몇 km를 가는가?'라는 질문과 같다. 이 질문의 답은 $60x$이며, 미분 방정식의 해는 $y=60x$가 된다. 이처럼 초등학교와 중학교에서도 속도와 거리 문제를 통해 이미 미분 방정식을 접하고 있는 셈이다. 일반 방정식의 해가 수로 나타나는 것과 달리, 미분 방정식의 해는 문자를 포함한 식, 즉 함수로 표현된다. 함수는 일종의 수의 집합이라고 볼 수 있다. 일반 방정식이 '반에서 누군가'를 특정하는 것이라면, 미분 방정식은 '반 전체'를 결정하는 것이라고 생각하면 된다.

실생활에서의 미분 방정식 응용

초등학교에 입학하면 용돈을 주겠다고 부모님이 약속하셨다. 1학년 때는 한 달에 100원, 2학년 때는 한 달에 200원, … 이런 식으로 학년이 올라갈 때마다 100원씩 더 받는 규칙을 정했다. 만약 용돈을 전부 저축한다면, x학년 끝날 때까지 저축된 총금액은 얼마일까? 이 문제는 미분 방정식으로 구할 수 있다. x학년 1년 동안 늘어난 저축 금액은 $x \times 100 \times 12 = 1200x$원이다. 이때, 미분은 '증가분'을 나타낸다. 미분 방정식으로 표현하면 $y'=1200x+600$(여기서 600은 1학년부터 6학년까지 매년 증가하는 금액의 합)이 되고, 이를 풀면 $y=600x^2+600x$가 된다. x에 1, 2, 3, …을 차례로 대입해 보면, 이 초등학생의 기쁨이 느껴질 것이다.

⊂⊃ link 방정식/p.94, 함수/p.148, 미분/p.160, 미적분의 기본 정리/p.167

적분

積分 integration

곡선이나 직선으로 둘러싸인 도형의 넓이를 구하는 것. 특히 곡선으로 둘러싸인 도형의 넓이를 계산하는 문제는 쉽지 않은데, 이것을 간단하게 구할 수 있는 방법이 바로 적분이다. 예를 들어, 포물선 $y = 3x^2$을 적분하면 x^3이 되고, 여기에 $x = 2$를 대입하면 8이 된다. 이는 그림과 같이 포물선과 x축, 그리고 x축 위의 점 $(2, 0)$을 지나고 x축에 수직인 직선, 이 3개로 둘러싸인 도형의 넓이가 된다. 적분은 주어진 도형을 무한히 작은 직사각형으로 빈틈없이 채워 그 넓이를 구하는 것이다. 이 방법을 구분구적법이라고 한다. 이와 마찬가지로 구와 같이 곡면으로 이루어진 부피를 구할 때도 무한히 작은 직육면체로 채워 나가는 것이 적분이다.

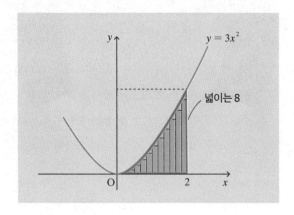

사과 가로 자르기와 적분

사과를 가로로 자르면 가운데 심 부분까지 알뜰하게 먹을 수 있다. 원반 모양으로 두껍게 자르면 사과 한 조각은 윗면과 밑면의 반지름이 다른 원뿔대 모양이 되는데, 얇게 자를수록 윗면과 밑면의 반지름이 같은 원기둥에 가까워진다. 원기둥의 부피는 '밑넓이×높이'로 계산할 수 있으므로, 얇은 원기둥의 부피를 모두 더하면 사과의 전체 부피를 구할 수 있다. 이 방법이 바로 적분이다. '얇게 자를수록'이라는 표현을 '무한히 얇게 자르면'으로 바꾸면, 적분에 무한의 개념이 숨어 있음을 느낄 수 있을 것이다.

⊂⊃ link 넓이/p.42, 부피/p.44, 무한/p.77, 미분/p.160, 사다리꼴 공식/p.166, 미적분의 기본 정리/p.167

사다리꼴 공식

trapezoidal rule

곡선이나 직선으로 둘러싸인 도형의 넓이를 구하는 방법. 좌표평면 위의 그래프로 표현된 도형의 넓이를 구할 때는 도형의 내부를 윗변을 제외한 나머지 세 변이 수평과 수직인 가늘고 긴 사다리꼴로 채워 그 넓이를 계산한다. 사다리꼴의 수가 많아질수록 계산의 정확도가 높아지며, 사다리꼴의 아랫변이 0에 한없이 가까워졌을 때 실제 넓이와 일치하게 된다. 이는 적분의 구체적인 계산 방법으로 볼 수 있다. 곡선을 포함한 도형의 넓이를 구하는 문제는 오랜 수학 역사에서 중요한 부분을 차지해 왔다. 원을 무한히 많은 변을 가진 정무한각형으로 생각하는 아르키메데스의 '실진법'이 그중 하나이다. 곡선과 무한을 어떻게 다룰지를 탐구하는 과정에서 사다리꼴 공식이 등장하게 되었다.

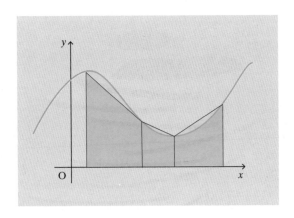

미적분의 기본 정리

微積分 基本定理 fundamental theorem of calculus

미분과 적분이 서로 반대되는 연산, 즉 역연산 관계임을 설명하는 정리. 3차 함수 x^3을 미분하면 이차함수 $3x^2$이 되고, $3x^2$을 적분하면 다시 x^3으로 돌아간다. 이는 삼차함수의 접선은 이차함수로 표현되며, 이차함수의 넓이는 삼차함수로 표현된다는 것을 의미한다. 하지만 이러한 곡선을 통해 직관적으로 이해하기는 쉽지 않으며, 실제로 계산해 보면 그 관계의 놀라움을 실감할 수 있다. 오늘날 '미분의 반대는 적분'이라는 말은 당연하게 받아들여지지만, 미분은 천체나 물체의 운동과 관련하여, 적분은 넓이를 구하는 방법으로 오랜 시간 동안 따로 발전해 왔다. 17세기에 뉴턴과 라이프니츠는 각자 독자적으로 미분과 적분의 통합을 이루었다.

◀ 수의 역사 ▶ **고트프리트 빌헬름 폰 라이프니츠**

17세기 독일의 수학자이자 철학자. $\frac{dy}{dx}$, $\int$ 등 지금도 사용되는 미분과 적분의 기호는 라이프니츠가 도입한 것이다. '모나드'는 라이프니츠 철학의 핵심 개념으로, 세계를 구성하는 기본 단위를 의미한다.

🔗 link   넓이/p.42, 이차함수/p.152, 미분/p.160, 적분/p.164, 곡선/p.220

해석학

解析學 analysis

대수학, 기하학과 함께 현대 수학의 주요 3대 분야 중 하나. 해석학은 한마디로 '미분과 적분'이라 할 수 있다. 미분과 적분에는 극한이 필수적이며, 극한이란 무한을 다루는 방법을 말한다. 무한은 기원전부터 곡선으로 둘러싸인 도형의 넓이나 원주율 등을 통해 다뤄져 왔다. 해석학은 이러한 무한을 다루는 수학의 현대적 형태로, 곡선이나 곡면 등 '구부러진 것'을 측정하는 데 필수적이다. 계산이 복잡해 학생들에게 어려운 분야로 여겨지지만, 우리 주변을 둘러보면 자연물을 비롯하여 '구부러진 것'들이 가득하다. 해석학은 생각보다 훨씬 더 우리와 가까운 학문일지도 모른다.

1÷0과 우주

나눗셈을 배우고 익숙해질 즈음, 우리는 종종 1÷0이라는 신비로운 문제를 마주하게 된다. 예를 들어, 10÷2=5는 '10 안에 2가 5개 있다'라고 해석할 수 있다. 그렇다면 1÷0은 '1 안에 0이 몇 개 있을까?'라는 질문이 될 수 있다. 아무리 생각해도 쉽게 이해되지 않아 많은 사람이 그냥 잊어버리곤 한다. 그러나 계속 공부하다 보면 결국 0÷0이나 ∞÷∞ 같은 알쏭달쏭한 문제와 다시 마주하게 된다. 이러한 문제들이 바로 해석학의 본질이라 할 수 있다. 해석학이 없다면, 우주의 끝을 상상하기 어려운 것은 물론 로켓 하나도 발사할 수 없을 것이다. 1÷0에서 시작된 이 계산이 우주와 세계로 이어지는 것이다.

⊂⊃ link 사칙연산/p.22, 무한/p.77, 대수학/p.101, 기하학/p.102, 미분/p.160, 적분/p.164, 극한/p.169

극한

極限 limit

수열이나 함수가 한없이 가까워지는 값. 예를 들어 $\frac{1}{1}, \frac{1}{2}, \frac{1}{3}, \cdots, \frac{1}{n}, \cdots$ 과 같은 수열은 0에 계속해서 가까워진다. 이를 '이 수열의 극한은 0' 이라고 하며, $\lim_{n \to \infty} \frac{1}{n} = 0$으로 나타낸다. 함수의 극한도 마찬가지로, 함수 $\frac{x^2-1}{x-1}$에서 x가 1에 한없이 가까워질 때의 극한은 $\lim_{x \to 1} \frac{x^2-1}{x-1}$로 나타낸다. x에 1.1, 1.01, 1.001을 차례로 대입하면 2.1, 2.01, 2.001처럼 한없이 2에 가까워지므로, 이 극한은 2라고 예상할 수 있다. 이를 정확하게 구하려면 아래와 같이 인수분해를 사용해야 한다. 'lim'은 한계나 경계를 의미하는 limit의 줄임말이다.

$$\lim_{x \to 1} \frac{x^2-1}{x-1} = \lim_{x \to 1} \frac{(x+1)(x-1)}{x-1} = \lim_{x \to 1}(x+1) = 2$$

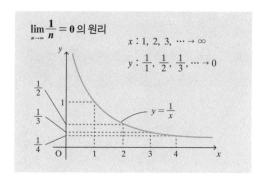

$\lim_{n \to \infty} \dfrac{1}{n} = 0$의 원리

$x : 1, 2, 3, \cdots \to \infty$

$y : \dfrac{1}{1}, \dfrac{1}{2}, \dfrac{1}{3}, \cdots \to 0$

$y = \dfrac{1}{x}$

⊂⊃ link 수열/p.32, 무한/p.77, 인수분해/p.99, 함수/p.148, 진동/p.234, 수렴·발산/p.236, 최대·최소/p.258

롤의 정리
Rolle's theorem

함수 $f(x)$가 서로 다른 두 점 a, b에서 $f(a)$=$f(b)$일 때, a와 b 사이에 접선이 수평이 되는 점 c가 존재한다는 정리. 이때 $f(x)$의 그래프는 연속이기만 하면 모양이 구불구불해도 상관없다. 이를 줄넘기에 비유할 수 있다. 줄넘기를 하는 모습을 옆에서 보면, 줄은 회전하면서 다양한 모양으로 변하는데, 줄이 가장 높은 위치에 도달했을 때 그 곡선의 중앙 부분에서 접선은 수평이 된다. 점 c는 이 줄이 만드는 산의 꼭대기라고 생각하면 된다. $f(a)$=$f(b)$는 줄을 돌리는 두 사람의 손의 높이가 같다는 의미이다. 만약, 두 사람의 손의 높이가 다르다면 접선의 기울기가 수평이 되지 않을 수도 있다. 그림을 그려 보면 쉽게 이해할 수 있다.

🔗 link 함수/p.148, 미분/p.160, 곡선/p.220

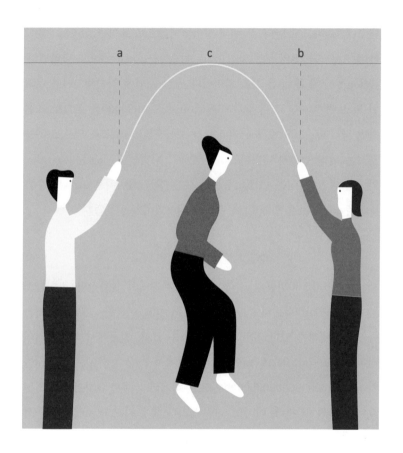

로그

logarithm

대수(對數)라고도 한다. $2^3=8$과 같이 n제곱으로 표현된 식에서 3을 '2를 밑으로 하는 8의 로그'라고 하고, 식으로는 $\log_2 8=3$으로 나타낸다. 즉, $\log_2 8=3$과 $2^3=8$은 같은 의미이다. 로그 개념에 익숙해지려면 여러 번 써 보며 익히는 것이 좋다. $10^2=100$, $10^6=1000000$을 로그로 표현하면 각각 $\log_{10} 100=2$, $\log_{10} 1000000=6$이 된다. 즉, 10을 밑으로 하는 로그는 원래 수에서 나타나는 0의 개수를 나타낸다. 'log'는 logarithm의 줄임말이다. 이는 비(比)나 논리 또는 신을 의미하는 logos와 수를 뜻하는 arithmos를 합친 말로, 수학자 네이피어가 만들었다.

수를 대략적으로 파악하기

세균은 1m의 100만분의 1, 즉 $\frac{1}{10^6}$m의 세계에서 살아간다. 바이러스는 그보다 약 1000분의 1의 크기로 $\frac{1}{10^9}$m이고, 원자는 그보다 더 작은 $\frac{1}{10^{12}}$m의 세계에 있다. 반면, 우주는 매우 크다. 지구에서 태양까지의 거리는 150억m, 약 10^{10}m이다. 태양계에서 가장 가까운 항성까지는 약 $10^{16}=10000000000000000$이다. 은하계의 끝에서 끝까지의 거리는 그보다 훨씬 더 크다. 이처럼 너무 작거나 너무 커도 어지러움을 느끼게 된다. 아주 작은 단위까지는 세세하게 따지지 말고 0의 개수를 세자는 것이 바로 로그이다. 로그는 미세한 것부터 거대한 것까지 대략적으로 파악하여 세상과 자연을 이해하는 도구이다.

수의 역사 **존 네이피어**

16~17세기 스코틀랜드의 수학자이자 물리학자. 로그를 발명한 것으로 잘 알려져 있으며, 네이피어 수 e에도 이름을 남겼다. 곱셈과 나눗셈을 위한 도구인 '네이피어의 막대'와 소수점을 발명하기도 했다.

🔗 **link** n제곱/p.70, 네이피어 수/p.174, 지수함수/p.194, 로그함수/p.196, 유효숫자/p.249, 구골/p.256

네이피어 수

Napier's constant

2.71828…로 끝없이 이어지는 수. e로 표기한다. $\sqrt{}$로 표현할 수 없는 무리수 중에서 π 다음으로 유명한 수이다. 스위스의 수학자 베르누이가 복리 이자를 계산하는 과정에서 발견했다. 예를 들어, 1년에 10%, 즉 $\frac{1}{10}$의 이자가 붙는 경우, 이자에 이자가 붙는 복리 계산에서는 10년 후에는 $(1+\frac{1}{10})^{10}=2.5904$배가 된다. 이 식의 2개의 10을 100, 1000처럼 무한히 크게 했을 때 나오는 값이 2.71828…$=e$이다. 또한, $\frac{1}{0!}+\frac{1}{1!}$ $+\frac{1}{2!}+\frac{1}{3!}+\cdots$도 e가 된다. π가 삼각함수에서 중요한 수라면, e는 지수함수와 로그함수에서 특별한 수이다. 둘 다 중요한 수이지만 e는 π만큼 널리 알려져 있지는 않다.

e^x의 미분은 e^x이 된다

네이피어 수 e는 오일러(Euler) 수 e라고도 불린다. 오일러는 지수함수 e^x의 미분이 그 자체, 즉 e^x이 됨을 증명했다. 미분 기호를 사용하면 $(e^x)'=e^x$으로 나타낼 수 있다. 이러한 성질을 가진 함수는 e^x이 유일하다. 미분이 접선의 기울기를 나타내는 점과 함께 고려하면, 이 식은 $y=e^x$ 그래프의 y좌표와 접선의 기울기가 항상 같음을 의미한다. 이를 등산에 비유하자면, 산의 높이가 해발 500일 때 경사가 500, 해발 2000일 때 경사가 2000 식으로 점점 더 가팔라지는 것과 같다. 반대로 '오르면 오를수록 편해지는' 산을 나타내는 함수 중 하나가 로그함수 $y=\log_e x$이다. 이 산은 꼭대기 부근에서 거의 수평인데, 한 가지 문제가 있다. 이 산에는 꼭대기가 없다.

수의 역사 **레온하르트 오일러**

18세기 스위스의 수학자. 인류 역사상 가장 많은 수학 연구 논문을 남겼으며, 그 수는 886여 편에 달한다.

link 원주율/p.60, 무한/p.77, 계승/p.87, 유리수·무리수/p.143, 미분/p.160, 지수함수/p.194, 로그함수/p.196

데카르트 좌표

Cartesian coordinates

점의 위치를 나타내는 방법. 기준이 되는 점에서 가로 방향으로 3, 세로 방향으로 4의 거리에 있는 점 P를 (3, 4)로 나타내며, 이를 점 P의 데카르트 좌표라고 한다. 기준점 O는 원점이라고 하며, 그 데카르트 좌표는 (0, 0)이다. 일반적으로 가로축을 x, 세로축을 y로 하며, 맨 앞의 예에서는 x좌표가 3, y좌표가 4가 된다. 두 축이 직각으로 교차하기 때문에 직교 좌표 또는 단순히 좌표라고도 부른다. 3차원 공간에서는 높이 방향의 좌표를 추가하여 3개의 수로 한 점을 나타낸다. 오른쪽 그림처럼 바둑판 모양으로 길이 난 일본의 교토 거리에서는 시조카라스마 교차로를 원점 (0, 0), 시조카와라마치를 (1, 0)으로 두면, 기요미즈데라는 (2, -1), 니조성은 (-1, 1) 부근이 된다.

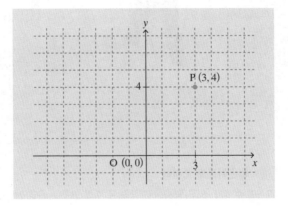

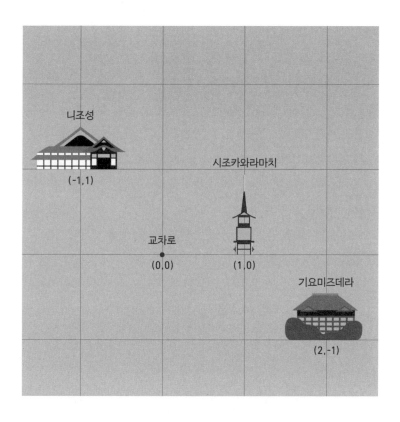

니조성
(-1,1)

시조카와라마치

교차로
(0,0)

(1,0)

기요미즈데라

(2,-1)

수의 역사 **르네 데카르트**

1596년 프랑스에서 태어난 철학자이자 수학자. 데카르트 기하학은 수학의 기초가
되었으며, 저서 『방법서설』에 등장하는 "나는 생각한다, 그러므로 나는 존재한다"
라는 말은 이후 철학이 나아갈 방향을 제시한 중요한 문장으로 널리 알려져 있다.

link   점/p.36, 데카르트 기하학/p.178, 그래프/p.179, 극좌표/p.181

데카르트 기하학
Cartesian geometry

데카르트 좌표로 생각하는 기하학. 좌표 기하학, 해석 기하학이라고도
한다. 평면 위의 점은 (2, 3)과 같은 하나의 데카르트 좌표로 나타낼 수
있다. 이 데카르트 좌표를 이용하면 직선은 $y = 4x + 5$와 같은 일차식으
로, 원은 $x^2 + y^2 = 1$과 같은 이차식으로 나타낼 수 있다. 이로써 도형의
성질을 식의 계산으로 설명할 수 있게 되었다. 데카르트 기하학은 이
전의 기하학이 도형 자체에 초점을 두었던 것과는 대조적이다. 도형에
서 수식 계산으로의 변화는 자와 컴퍼스에서 계산기, 더 나아가 컴퓨
터로 이어지는 도구의 변화로 이어졌다. 데카르트 기하학이 없었다면,
스마트폰으로 위치 정보를 확인하는 일도 불가능했을 것이다.

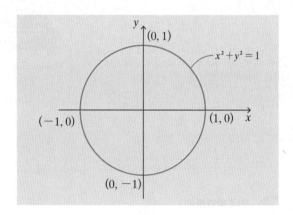

그래프
graph

2개 이상의 수나 양의 관계를 나타내는 그림. 예를 들어, 나이를 가로축, 키를 세로축으로 하여 성장 기록을 좌표로 나타내면, 10대 후반까지는 오른쪽 위로 향하다가 이후에는 수평에 가까워진다. 이처럼 그래프를 사용하면 수의 변화를 한눈에 파악할 수 있다. 2개의 수나 양은 평면(2차원) 그래프로, 3개의 수나 양은 입체(3차원) 그래프로 표현할 수 있다. 점이나 선으로 표현하는 수학 그래프 외에도, 통계에서 사용하는 막대그래프와 원그래프 등이 있다. 통계 그래프는 비교적 최근인 17~18세기에 사용되기 시작했다. '간호학의 어머니'로 불리는 나이팅게일이 만든 '로즈 다이어그램'은 초기의 통계 그래프 중 하나이다.

로즈 다이어그램

🔗 **link** 평면/p.40, 공간/p.41, 데카르트 좌표/p.176, 극좌표/p.181, 차원/p.228, 통계/p.250, 회귀분석/p.254

수직선

数直線 number line

수를 나타내는 직선. 수의 크기를 직선 위의 위치로 표현하는 것이다. 0을 나타내는 점을 기준으로 1을 나타내는 점의 위치를 정한다. 2는 0과 1의 사이의 거리의 2배 위치, 3.5는 0과 1의 사이의 거리의 3.5배 위치와 같이 모든 수를 직선 위의 점으로 나타낼 수 있다. 음수는 0을 기준으로 1의 반대 방향으로 이어진다. 이론적으로 직선은 양쪽으로 무한히 뻗어 있어 수는 무한히 커지거나 작아질 수 있다. 원래 수와 직선 위의 위치는 직접적인 관련이 없었지만, 수직선의 발명으로 수와 위치를 동일하게 간주할 수 있게 되었다. 기둥에 선을 그어 아이의 키를 기록하는 것도 수직선과 같은 발상이다.

link 1/p.16, 0/p.20, 양수/p.26, 음수/p.27, 무한/p.77, 실수/p.142, 데카르트 좌표/p.176, 복소수/p.188

극좌표

極座標 polar coordinates

평면 위의 점을 원점으로부터의 방향과 그 점까지의 직선거리로 나타내는 좌표. 바둑판 모양의 거리를 가로, 세로로 이동하여 위치를 결정하는 데카르트 좌표와 달리, 극좌표는 원점에서 직선으로 이동하여 위치를 결정하는 것이라고 생각하면 된다. 방향은 각도로 표현할 수 있으므로, 극좌표는 회전운동을 다룰 때 유용하다. 각도를 다루는 삼각함수와도 밀접한 연관이 있다. 예를 들어, 삼각함수를 이용하면 극좌표와 데카르트 좌표를 상호 변환할 수 있다. 마을의 중심에서 동쪽으로 1km, 북쪽으로 1km 떨어져 있는 우물은 데카르트 좌표로 표현하면 $(1, 1)$, 극좌표로 표현하면 $(\sqrt{2}, 45°)$가 된다. 그림을 그려 가며 생각해 보자.

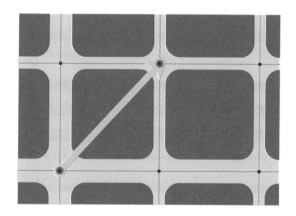

🔗 link   직선/p.38, 각/p.54, 삼각함수/p.126, 데카르트 좌표/p.176, 가우스 평면/p.238

벡터

vector

방향과 크기를 가진 양. 어떤 지점에서 북서쪽으로 50m, 다시 북서쪽으로 80m, 남서쪽으로 50m 이동한 각각의 지점은 모두 서로 다른 위치를 나타낸다. 여기서 '50'이나 '80'은 수이며, 수는 크기만 가지고 있다. 이 크기에 '북서쪽'과 같은 방향을 더한 것이 벡터이다. 벡터는 화살표를 떠올리면 된다. 화살표의 방향은 벡터의 방향, 길이는 벡터의 크기를 나타낸다. 크기가 1인 벡터를 '단위벡터'라고 하며, 이는 수에서의 1과 같은 역할을 한다. 크기는 같고 방향이 반대인 '역벡터'는 음수에 해당한다. 이러한 특성을 이용하면 벡터도 수처럼 계산을 할 수 있다.

너와 나의 벡터의 차이

"너는 나와 벡터가 다르네"라는 말을 들어 본 적이 있는가? 만약 이것이 서로의 방향성, 즉 방향의 차이만을 의미한다면 사실 잘못된 표현이다. 벡터가 같다는 것은 원하는 방향도, 나아가는 속도도 같다는 뜻이다. 벡터가 다르다는 이유로 함께 걸어갈 수 없다는 것은 상당히 까다로운 조건이 아닐까? 평면 위의 벡터라면 모를까, 3차원, 4차원…의 벡터로 생각하면 더 어려워진다. 인간관계에서든 수학에서든 신중하게 생각하는 것은 중요하지만, 지나치게 복잡하게 생각하는 것도 문제일 수 있다.

⇄ link 극좌표/p.181, 행렬/p.184, 차원/p.228, 힐베르트 공간/p.274, 벡터 공간/p.277

행렬

行列 matrix

아래와 같이 괄호 안에 수를 가로와 세로로 배열한 것.

$$\begin{bmatrix} 1 & 2 & -3 \\ -4 & 5 & 6 \end{bmatrix}$$

'1 2 −3', '−4 5 6'과 같이 가로로 나열된 부분을 '행', 세로로 나열된 부분을 '열'이라고 한다. 같은 위치에 있는 각각의 원소를 더하거나 빼는 것이 행렬의 합이나 차가 된다. 행렬 간의 곱셈, 나눗셈도 가능하다. 연립방정식 $3x+4y=5$, $6x+7y=8$도 아래와 같이 나타내어 풀 수 있다.

$$\begin{bmatrix} 3 & 4 \\ 6 & 7 \end{bmatrix} \begin{bmatrix} x \\ y \end{bmatrix} = \begin{bmatrix} 5 \\ 8 \end{bmatrix}$$

로봇의 손끝 움직임은 3행 3열의 행렬로 표현할 수 있다. 행렬을 사용하지 않아도 연립방정식을 풀 수 있는 것처럼 행렬이 필수적이라고는 할 수 없다. 다만 행렬을 사용하면 식이 더 명확해지거나 기계적인 계산을 할 수 있기 때문에 행렬은 미적분과 함께 이공계 대학생들에게 필수이다.

행렬의 표현력

'키 175cm', '하루에 두 번 카페에 간다'와 같이 수는 대상이나 사건의 특징을 나타낸다. 키 175cm에 '몸무게 80kg'이 더해지면, '건장한 성인 남성'이라는 추론도 가능해진다. 이러한 정보를 [175 80]으로 묶으면 행렬이 된다. 여기에 나이에 대한 정보를 더해 [175 80 20]이 된다면, 젊고 활기찬 이미지를 떠올리게 할 수 있다. 행을 늘려 가며 여러 시점을 기록하면 성장 기록이 될 수 있을 것이다. 하나의 수 [175]는 1행 1열의 행렬로 볼 수도 있다. 이처럼 행렬은 단순한 수의 집합이 아니라, 정보를 더 풍부하게 표현할 수 있는 하나의 '확장된 수'이다.

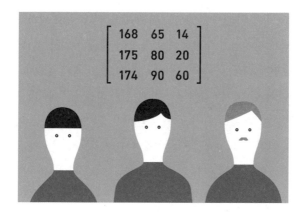

⊙ link 연립방정식/p.97, 학구산/p.135, 미분/p.160, 적분/p.164, 계수/p.229

허수

虚数 imaginary number

제곱해서 −1이 되는 수 i를 사용하여 $a+bi$의 형태로 표현되는 수. $2+3i$, $\frac{4}{5}+6i$ 등. a와 b는 실수이기만 하면 되므로 $\pi + \sqrt{7}i$도 허수이다. 영어로 허수는 imaginary number로, '상상의 수'라는 의미이다. 이 단어의 첫 글자 i를 허수 단위로 처음 사용한 인물은 오일러이다. 허수는 파동을 표현할 수 있는 삼각함수와 밀접한 관계가 있어, 전류를 다루는 전자공학이나 원자의 움직임을 연구하는 양자역학에서 자주 사용된다. 이 '상상의 수'가 우리 손에 있는 스마트폰에도 활용되고 있다. 공부라는 것도 나쁘지 않다.

허수 단위 i

제곱해서 −1이 되는 수. $i^2 = -1$. 허수 같은 건 없다고 말하고 싶어질 정도로 쉽게 다가가기 어려운 수이다. 1이 실수의 기준이라면, i는 허수의 기준이기 때문에 허수 단위라고 한다. $i^2 = -1$의 양변에 i를 곱하면 $i^3 = -i$, 한 번 더 i를 곱하면 $i^4 = 1$이 된다. 0제곱, 1제곱을 포함하여 나열하면 $i^0 = 1$, $i^1 = i$, $i^2 = -1$, $i^3 = -i$, $i^4 = 1$이 되며, 이후로는 이 패턴이 반복된다. 이처럼 i의 n제곱은 실수와 허수의 기준과 양수와 음수의 조합을 규칙적으로 반복한다. 이를 통해 i가 1이나 양수, 음수와 마찬가지로 중요한 수임을 알 수 있다.

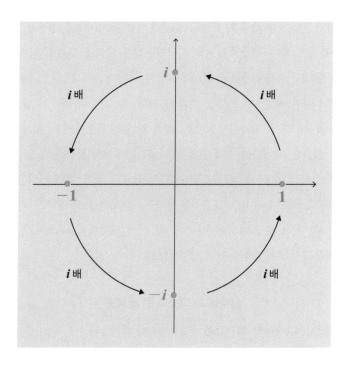

복소수

複素数 complex number

$a+bi$와 같이 i를 사용해 표현할 수 있는 수. 여기서 a를 실수부, b를 허수부라고 한다. 복소수는 허수와 거의 같은 의미를 가지지만, 더 정확히 말하면 허수부가 0일 때는 i의 항이 사라져 실수가 되고, 허수부가 0이 아닐 때는 i가 포함된 허수가 된다. 즉, 실수와 허수가 합쳐진 것이 복소수이다. 이차방정식에서 '해가 없다'는 것은 실수의 세계에서 해가 없음을 의미하며, 복소수의 세계에서는 2개의 복소수 해를 가진다. 복소수는 실수부를 x좌표, 허수부를 y좌표로 하여 '평면 위의 점'을 나타낸다. 허수부가 0인 경우, 즉 실수는 '수직선 위의 점'으로 볼 수 있다. i는 $0+1i$로 표현되며, 이는 점 $(0, 1)$에 해당한다. 따라서 수직선의 원점에서 거리 1만큼 위에 있는 점으로 볼 수 있다.

실수에서 복소수의 세계로

이차방정식 $x^2=4$의 해는 2와 -2, $x^2=1$의 해는 1과 -1, $x^2=0$의 해는 0이다. 이 흐름을 따라 방정식의 우변을 '-1'로 하면 $x^2=-1$이 되며, 그 해는 복소수인 i와 $-i$가 된다. 만약 그런 방정식은 존재하지 않는다고 생각된다면, $x^2=4$와 $x^2=1$ 사이에 있는 $x^2=3$을 생각해 보자. 현대에서 이차방정식을 배운 사람이라면 해는 $\sqrt{3}$ 과 $-\sqrt{3}$ 이라고 대답할 것이다. 그러나 제곱근이 없는 세계에 사는 사람이라면 그런 수는 존재하지 않는다고 대답할 것이다. 이처럼 2나 1과 같은 정수에서 $\sqrt{3}$ 과 같은 실수로, 더 나아가 실수에서 i를 포함한 복소수로 '수의 세계'는 확장되어 간다.

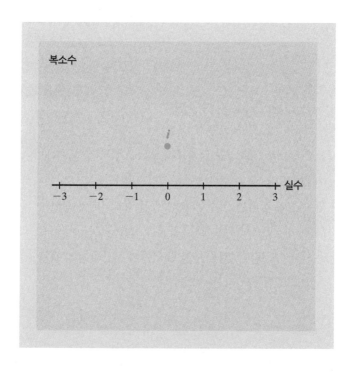

복소수

i

−3 −2 −1 0 1 2 3 실수

link   실수/p.142, 허수/p.186, 드무아브르의 정리/p.190, 오일러의 공식/p.191, 가우스 평면/p.238

드무아브르의 정리
de Moivre's theorem

삼각함수와 복소수가 연결되는 정리. 아래와 같이 표현된다.

$$(\cos\theta + i\sin\theta)^n = \cos n\theta + i\sin n\theta$$

좌변의 복소수 $\cos\theta + i\sin\theta$는 극좌표가 $(1, \theta)$인 점을 나타내고, 우변의 복소수 $\cos n\theta + i\sin n\theta$는 극좌표가 $(1, n\theta)$인 점을 나타내며, 그 각도는 n배가 된다. 둘 다 원점으로부터의 거리는 1이므로, 왼쪽의 n제곱과 합치면 이 정리는 '복소수의 n제곱은 각도 n배의 회전'을 의미한다. 시계의 초침은 3시 위치에서 t초 후에 $(\cos(-6)° + i\sin(-6)°)^t$을 가리킨다. 드무아브르의 정리는 마치 방 안에서 시간을 재는 것과 같다.

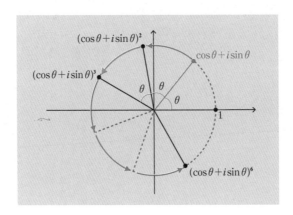

⊂⊃ link 삼각함수/p.126, 극좌표/p.181, 복소수/p.188

오일러의 공식

Euler's formula

$e^{i\theta} = \cos\theta + i\sin\theta$로 표현되는 식. 실수의 세계에서는 서로 관계가 없었던 지수함수와 삼각함수가 연결되는 식이며, 가우스 평면 위의 원점을 중심으로 하는 반지름이 1인 원으로 설명할 수 있다. 드무아브르의 정리에 의한 증명 외에도, 미분을 반복하는 테일러 전개를 통해서도 증명할 수 있어 미분과도 깊은 관련이 있다. 이처럼 수많은 수학과 연관된 찬란하게 빛나는 식으로 전자공학 등에서도 필수적으로 쓰인다. $\theta = \pi$일 때 $e^{i\pi} + 1 = 0$이 되어 e, i, π, 1, 0과 같이 중요한 수가 모두 들어있는 '오일러 항등식'이 만들어진다. 이 식은 수학에서 '가장 아름다운 식'으로 불리기도 한다.

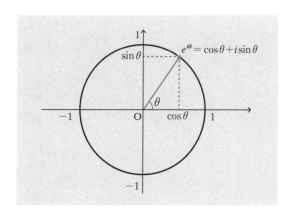

🔗 link　원주율/p.60, 삼각함수/p.126, 미분/p.160, 복소수/p.188, 지수함수/p.194, 테일러 전개/p.231, 가우스 평면/p.238

호도법

弧度法 circular measure

원의 둘레를 2π로 하여 각도를 표현하는 방법. 반면, 원의 둘레를 $360°$로 나누어 각도를 표현하는 방법은 '각도법'이라고 한다. 이 정의에 따라 $360°$와 2π가 대응하며, 다른 각은 비율을 통해 구할 수 있다. 예를 들어, $30°$는 $\frac{\pi}{6}$, $45°$는 $\frac{\pi}{4}$가 된다. 360은 약수가 많기 때문에 각도법을 사용하면 2, 3, 4, 5, 6, 8, 9, 10, 12 등 다양한 등분이 가능하여 편리하다. 한편, 호도법은 다른 수학 개념들과 잘 연결된다. 예를 들어, 삼각함수의 미분 공식 $(\sin\theta)'=\cos\theta$, $(\cos\theta)'=-\sin\theta$, 오일러의 공식 $e^{i\theta}=\cos\theta+i\sin\theta$ 등 많은 수학적 성질이나 수식이 호도법을 사용하면 더 간단해진다. 각도법의 단위인 도 ' $°$ '와 달리 호도법의 단위인 '라디안'은 보통 생략된다.

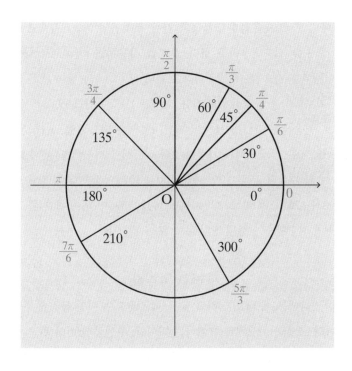

link 배수·약수/p.30, 각/p.54, 원/p.58, 원주율/p.60, 삼각함수/p.126, 미분/p.160, 오일러의 공식/p.191

지수함수

指數函數 exponential function

3에 대해 $2^3=8$, 4에 대해 $2^4=16$과 같이, 주어진 수의 n제곱으로 이루어진 함수를 지수함수라고 한다. 문자를 사용하면 $y=a^x$으로 나타낸다. 이때 a를 지수함수의 '밑'이라고 한다. 밑이 1.1과 같이 작은 값이라도 지수함수는 급격하게 커진다. 실제로 1.1^{10}은 약 2.59, 1.1^{20}은 약 6.72로 처음에는 그다지 크지 않지만, 1.1^{100}은 약 13781, 1.1^{200}은 약 189905276으로 급격히 증가한다. 2와 x를 서로 바꾸어 $y=x^2$과 $y=2^x$은 $x=1$일 때 1과 2, $x=10$일 때는 100과 1024이지만, $x=100$일 때는 10000과 1267650600228229401496703205376이 되어 매우 큰 차이가 난다. 지수함수는 절대 방심할 수 없는 함수이다.

지수함수의 비밀

만화 『도라에몽』에 나오는 비밀 도구 '배로배로'는 어떤 물건에 뿌리면 5분마다 그 물건이 2배로 늘어나는 약이다. 주인공 노비타(한국 이름은 노진구)는 배로배로를 밤 만주 하나에 뿌리고, 2배가 되었을 때 하나를 먹고 나머지 하나가 다시 2배로 늘어나기를 기다리면 밤 만주를 영원히 먹을 수 있을 거라 생각했다. 하지만 밤 만주가 계속 2배씩 늘어나기 때문에 하나라도 남기면, 1시간 후에는 4096개, 2시간 후에는 16777216개가 되어 도저히 다 먹을 수 없게 된다. 또 한 번 접을 때마다 두께가 2배로 늘어나는 종이를 생각해 보자. 한 장의 두께가 0.1mm인 종이를 42번 접으면 그 두께는 약 44만km가 된다. 이는 모두 지수함수의 폭발적인 증가에 의한 것이다.

link n제곱/p.70, 함수/p.148, 로그/p.172, 네이피어 수/p.174, 로그함수/p.196, 수렴·발산/p.236

로그함수
logarithmic function

지수함수의 원래 값과 정해지는 값을 서로 바꾼 함수를 로그함수라고 한다. 예를 들어, 지수함수 $y=2^x$에서 $x=1$일 때 $y=2$, $x=5$일 때 $y=32$ 이다. 여기서 x와 y를 서로 바꾸어 $x=2$일 때 $y=1$, $x=32$일 때 $y=5$가 되는 것이 로그함수며, $y=\log_2 x$로 나타낸다. x와 y가 서로 바뀐 것이 므로, 로그함수와 지수함수는 서로 역함수 관계이다. 좌표평면에서는 x축과 y축이 서로 바뀌어 $y=2^x$와 $y=\log_2 x$의 그래프는 오른쪽 위로 올라가는 $45°$의 직선 $y=x$에 대해 선대칭 곡선이 된다. 지수함수가 절 대 방심할 수 없는 함수라면, 로그함수는 온화한 좋은 친구 같은 함수 이다.

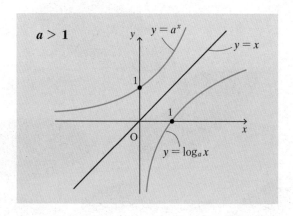

link 함수/p.148, 역함수/p.150, 로그/p.172, 데카르트 좌표/p.176, 지수함수/p.194

정수론

整數論 number theory

정수를 다루는 수학의 한 분야. 수론, 자연수론이라고도 한다. 나눗셈의 나머지의 성질, 소수(素數)의 분포 등 고대부터 현대에 이르기까지 오랜 시간 동안 연구되어 왔다. 예를 들어, n을 무한히 크게 할 때, 자연수 n까지의 소수의 개수는 $\frac{n}{\log n}$에 가까워진다는 '소수 정리'는 그 연구 성과 중 하나이다. 일반적으로 대수학의 일부로 여겨지지만, 근현대에는 실수나 복소수를 다루는 해석학이나 기하학과 같은 정수를 넘어선 분야와도 연관되면서 수학의 최전선에 선 분야가 되었다. 정수라고 하면 미분이나 적분 같은 해석학보다 더 친숙하게 느껴져 수학에 흥미를 갖고 있는 많은 사람들을 끌어당기는 것 같다. 가우스는 "수학은 과학의 여왕이고, 정수론은 수학의 여왕"이라고 말했다.

수의 역사 ▶ 카를 프리드리히 가우스

1777년 독일에서 태어난 수학자이자 물리학자. 가우스 적분, 가우스 분포 등 가우스의 이름이 붙은 업적은 수많은 분야를 넘나든다. 1806년 전시 상황에서 가우스의 후원자는 프랑스군에 죽임을 당했으나 가우스 본인은 보호를 받았다.

link 자연수/p.19, 소수/p.78, 실수/p.142, 메르센 수/p.198, 오일러의 정리/p.199, 나머지 정리/p.200

메르센 수

자연수 n에 대해 2^n-1로 표현되는 수. n에 1, 2, 3, 4를 순서대로 대입한 1, 3, 7, 15 등. 메르센 수는 2의 n제곱의 합으로 표현된다. 예를 들어, $15=1+2+4+8$이며, 우변의 수는 각각 2^0, 2^1, 2^2, 2^3이다. 즉, $15=2^0+2^1+2^2+2^3$이 되며, $15=2^4-1$과 합하면 식 $2^4-1=2^0+2^1+2^2+2^3$과 같은 식이 만들어진다. 이 식은 모든 자연수 n에 대해 $2^n-1=2^0+2^1+2^2+\cdots+2^{n-2}+2^{n-1}$의 형태로 성립한다. 메르센 수 중 소수인 것들은 '메르센 소수'라고 불리며, 현대 소수 연구의 최전선에 있다. 현재 발견된 가장 큰 메르센 소수는 $2^{136279841}-1$이다.(2024년 10월 기준)

수의 역사 ▶ **마랭 메르센**

17세기 2^n-1로 표현되는 소수를 연구한 프랑스의 수학자이자 철학자. 신학과 음악 이론에 대해서도 연구했다.

🔗 **link** 자연수/p.19, 이진법/p.35, n제곱/p.70, 소수/p.78, 정수론/p.197

오일러의 정리
Euler's theorem

정수론의 기본적인 정리 중 하나로, 나눗셈의 나머지에 관한 정리. 이 정리에 따라 34자리의 큰 수인 7^{40}의 마지막 두 자리가 '01'이 된다는 것을 알 수 있다. 마지막 두 자리가 '01'이라는 것은, 7^{40}에서 1을 뺀 $7^{40}-1$의 마지막 두 자리가 '00'이 되어 100으로 나누어떨어진다는 의미이다. $1^{40}-1$, $3^{40}-1$, $7^{40}-1$, … 등 5의 배수가 아닌 모든 홀수에서도 마찬가지로 성립한다. 이 정리를 만족하는 홀수는 100까지 총 40개이며, 이 40이라는 수는 40제곱의 40과 일치하는데, 이 또한 오일러의 정리의 일부이다. 이 정리는 RSA 암호의 원리로 응용되어 보이지 않는 곳에서 현대 사회를 지탱하고 있다.

🔗 link 배수·약수/p.30, n제곱/p.70, 정수론/p.197, 모듈러 연산/p.201, RSA 암호/p.327

나머지 정리

polynomial remainder theorem

최고차항의 계수가 1인 다항식 $P(x)$를 $x-a$로 나누었을 때의 나머지
는 $P(a)$가 된다는 정리. 예를 들어, x^2+3x+4를 $x-5$로 나누었을 때의
나머지는 5를 식에 대입한 값 $5^2+3\times5+4$로, 이는 44가 된다. 나머지
란 나눗셈에서 나누어떨어지지 않고 남은 수를 가리킨다. 수의 계산에
서 '나누어떨어진다'는 것은 '나머지가 0'이라는 의미이며, 이는 해당
수가 소인수분해가 가능하다는 뜻이 된다. 예를 들어, $91\div7=13$으로
나누어떨어지므로 $91=7\times13$으로 소인수분해할 수 있다. 이와 마찬가
지로 다항식의 나눗셈에서 '나누어떨어진다'는 것은 '인수분해할 수 있
다'는 것을 의미하며, 이것이 나머지 정리의 중요한 의미 중 하나이다.
참고로 나머지 정리에서 나머지가 0인 경우를 가리켜 인수정리라고
한다.

$$
\begin{array}{r}
x+8 \\
x-5\overline{)x^2+3x+4} \\
\underline{x^2-5x} \\
8x+4 \\
\underline{8x-40} \\
44
\end{array}
$$

$$P(x)=x^2+3x+4$$
$$P(5)=5^2+3\times5+4=44$$

link 소인수분해/p.79, 계수/p.89, 인수분해/p.99, 함수/p.148, 정수론/p.197

모듈러 연산

modular arithmetic

나눗셈의 나머지에 주목하는 계산. $17 \div 6$, $29 \div 6$의 나머지는 모두 5이 므로, 17과 29를 '같다'고 보고 '$17 \equiv 29 \,(\text{mod } 6)$'으로 표현한다. 여기서 mod 6은 '6으로 나눈다'는 의미이다. 'mod'는 modular(모듈러)의 줄 임말로, '기준 단위'라는 뜻이다. $a \equiv 1 \,(\text{mod } 7)$, $b \equiv 4 \,(\text{mod } 7)$일 때, 각 각의 좌변과 우변을 합하면 $a + b \equiv 5 \,(\text{mod } 7)$이 된다. 이는 1일이 일요 일인 달력을 생각하면 쉽게 이해할 수 있다. 첫째 날이 일요일인 경우, a일은 맨 왼쪽의 일요일, b일은 왼쪽에서 네 번째 수요일, $(a + b)$일은 목요일이 된다. 모듈러 연산은 '요일만 계산하는 것'과 같은 것이다.

Sun	Mon	Tue	Wed	Thu	Fri	Sat
①	2	3 $\overset{+}{\underset{+}{}}$	④	= ⑤	6	7
8	9	10 +	11	12	13	14
15	16	17	18 =	19	20	21
22	23	24	25 =	26	27	28
29	30	31				
Sun			+ Wed	$\equiv$ Thu (mod 7)		

link 등식/p.92, 정수론/p.197

암호
暗號 cipher

규칙을 아는 사람만이 이해할 수 있도록 하는 통신 및 저장 기술. 예를 들어, 미리 정한 '세 글자씩 밀어서 쓰기' 규칙을 알고 있는 사람은 'PDWKHPDWLFV'가 'MATHEMATICS(수학)'를 의미한다는 것을 이해할 수 있다. 이처럼 글자를 일정한 거리만큼 밀어 다른 글자로 바꾸는 방법은 시저 암호라고 하며, 간단한 암호 방식 중 하나이다. 암호는 규칙을 알면 이해할 수 있지만, 모르면 이해할 수 없도록 만들어야 쓸모가 있다. 암호를 더욱 복잡하게 만들기 위해 대수학 등이 사용된다. 제2차 세계대전 당시 독일의 암호 기계 '에니그마'와 이를 해독한 영국의 수학자 튜링의 싸움은 모르텐 튈둠 감독의 영화 〈이미테이션 게임〉으로도 만들어졌다.

수의 역사 **앨런 튜링**

20세기 영국의 수학자이자 컴퓨터 과학자. 인간과 인공지능의 차이를 판단하는 '튜링 테스트'를 제안했다.

🔗 link 대수학/p.101, 모듈러 연산/p.201, 컴퓨터/p.293, RSA 암호/p.327

칼럼 Ⅲ

수학의 순수와 응용

한 지역에 서식하는 야생 토끼의 개체 수 증감을 생각해 보자. 부모 토끼가 새끼를 낳고, 그 새끼가 다시 새끼를 낳는다. 이상적인 환경에서는 시간이 지날수록 토끼의 개체 수가 늘어날 것이다. 그러나 지나치게 늘어나면 먹이 부족으로 굶주리게 되어 개체 수가 감소하는 경향이 나타난다. 또한, 여우와 같은 포식자에게 잡아먹혀도 개체 수는 줄어든다. 여우의 개체 수 증감까지 고려하면 토끼의 개체 수는 복잡한 추이를 보인다.

개체 수의 변화는 시간을 가로축, 개체 수를 세로축으로 한 그래프를 보면 쉽게 알수 있다. 개체 수뿐만 아니라 세상에 있는 모든 것의 증감은 접선의 기울기, 즉 미분으로 표현할 수 있다. 수학적 표현을 사용하면, 개체 수가 '지나치게 늘어나면 (먹이부족으로) 감소하는 경향'이 나타난다는 것은 'y가 증가하면 접선의 기울기 y'이 음수가 된다'로 나타낼 수 있다.

수나 그래프 등에 대한 성질보다는 실제 현상을 다루는 데 중점을 두는 수학을 '응용수학'이라고 한다. 토끼와 여우의 예는 미분을 다루는 수학, 즉 미분 방정식이다. 따라서 미분 방정식은 응용수학의 하나라고 할 수 있다. 응용수학과 달리 현실세계에서의 응용을 고려하지 않고 수의 세계 자체를 대상으로 하는 수학을 '순수수학'이라고 한다. 20세기 수학자 G. H. 하디는 "'상상 속'의 우주는 어리석게 만들어진 '현실'의 우주보다 훨씬 더 아름답다"라며 순수수학을 찬양했다. 한편, 우리가 배우는 수학 교과서에는 실생활을 소재로 한 응용문제가 실려 있다.

순수수학과 응용수학 중 어느 쪽이 더 중요한지는 사람마다 생각이 다르며, 그 우열을 가려 주는 정답은 없다. 보통은 이론이 먼저 나오고 응용이 뒤따르지만, 여기서 흥미로운 점은 응용수학의 연구가 새로운 순수수학을 탄생시키기도 한다는 것이다. 예를 들어, '토끼와 여우'의 미분 방정식도 그중 하나이다. 말하자면 '응용의 최전전이 새로운 이론으로 이어지는' 이러한 상황은 수학이 수의 세계를 한 번 벗어났다가 다시 돌아와 수의 세계를 풍성하게 만드는 과정이라고 할 수 있다. 하디는 또한 순수수학과 응용수학에 대해 "이 둘의 차이는 실용성과 전혀 관계가 없다"라고 말했다. 수의 세계와 현실 세계를 구분하는 것은 편의상의 문제일 뿐, 발상과 발전의 원천에는 경계가 없다는 의미일 것이다.

∫

PART 04

근대 후기

수학자

數學者 mathematician

수학을 연구하는 사람. 역사에 이름을 남긴 수학자들은 대부분 천문학이나 물리학, 혹은 철학에서도 업적을 남겼고, 그들의 다재다능한 면모는 많은 사람들에게 찬사를 받는다. 이는 19세기 무렵까지만 해도 수학과 다른 학문들 사이에 정확한 구분이 없었기 때문일 것이다. 현대에는 새로운 증명에 도전하는 사람을 좁은 의미의 수학자로 보는데, 특별한 재능을 타고난 사람들뿐만 아니라 수학에 흥미를 가진 사람들도 포함하는 것이 더 적절하다고 생각한다. 수학자라고 하면 '종이와 펜'이 먼저 떠오르지만, 현대에는 컴퓨터를 이용해 연구하는 수학자들도 많다. '수학계 노벨상'이라 불리는 필즈상은 수상자를 40세 미만 젊은 수학자로 제한하고 있다.

수의 역사 ▶ **필즈상**

1936년에 첫 수상자를 낸 수학계에서 가장 영예로운 상. 노벨상은 업적을 남긴 개인이나 단체에 수여되며, 연령에 제한이 없고, 약 14억 원(1100만 크로나)의 상금이 주어진다. 필즈상은 개인에게 수여되며, 40세 미만으로 제한되고, 약 1500만 원(1만 5000 캐나다 달러)의 상금이 주어진다.

집합

集合 set

수 등의 모임. 예를 들어, '6의 양의 약수의 모임'은 집합이며, {1, 2, 3, 6}으로 나타낸다. {x | x는 6의 양의 약수}와 같이 표현하기도 하며, 이들은 같은 집합을 나타낸다. 일상적으로 사용하는 '집합'과 달리 수학 용어로서의 '집합'은 명확한 정의가 필요하다. 예를 들어, '1에 가까운 수의 모임'은 기준이 애매모호하기 때문에 수학에서는 집합이 될 수 없다. 엄밀하게 논의하기 위해서는 사전에 엄격한 정의가 필요한데, 집합은 그 도구이다. 수학자나 논리적인 사람들은 일상적인 대화에서도 "그것의 정의는 무엇인가?"라고 묻는 경우가 있는데, 바로 이러한 이유와 관련이 있다.

모임을 정리하기

'고양이의 집합'이 있다고 하자. 그러면 "'고양이의 집합'이 아닌 것'도 집합이며, 쥐나 새가 그 원소가 될 수 있다. "''고양이의 집합'이 아닌 것'이 아닌 것'은 '고양이의 집합'과 같은 집합을 나타내는데, 이는 반대의 반대가 찬성이 되는 것과 같다. 수학의 목적이 정리하는 것이라면, 꼭 수가 아니더라도 수학의 대상이 될 수 있다. 예를 들어, '고양이'와 '고양이가 아닌 것'을 구분하고 정리할 수 있기 때문이다. "'짝수의 집합'이 아닌 것'은 '홀수의 집합', "''짝수의 집합'이 아닌 것'이 아닌 것'은 '짝수의 집합'이다. 수에서도 같은 원리가 적용된다. 수학의 관점에서 보면 고양이도 짝수도 같은 것이다.

ᴏᴏ link 짝수·홀수/p.28, 배수·약수/p.30, 수학자/p.208, 벤다이어그램/p.212, 무한집합/p.213, 공집합/p.214, 수학기초론/p.306

벤다이어그램

Venn diagram

집합을 나타내는 그림. 일부가 겹치는 2개의 원 중 왼쪽 원을 '집에 있는 것을 좋아하는 사람', 오른쪽 원을 '게임을 좋아하는 사람'이라고 하면, 두 원이 겹치는 가운데 부분(주황)은 '집에 있는 것과 게임을 모두 좋아하는 사람'이 된다. 오른쪽 원에만 포함되는 부분(노랑)은 '집에 있는 것은 좋아하지 않고, 게임은 좋아하는 사람'이 되고, 2개의 원 어디에도 포함되지 않는 부분(파랑)은 '집에 있는 것도 게임도 좋아하지 않는 사람'이 된다. 2개의 집합은 4개 부분, 3개의 집합은 8개 부분, n개의 집합은 2^n개 부분으로 나뉜다. 벤다이어그램은 정보나 생각을 논리적으로 정리하는 데 유용하다. 벤다이어그램을 잘 쓰는 사람은 논리의 달인이라고 해도 좋다.

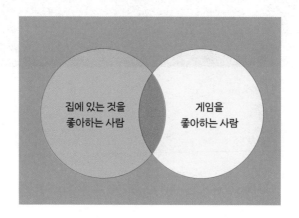

link   대우/p.120, 그래프/p.179, 집합/p.210, 진릿값/p.295

무한집합

無限集合 infinite set

원소가 무한히 많은 집합. '모든 양의 정수의 집합', '모든 짝수의 집합', '0 이상 1 이하의 모든 실수의 집합' 등은 모두 무한집합이다. '모든 양의 정수의 집합'은 {1, 2, 3, 4…}로 표현하며, '…'이 무한을 나타낸다. 무한집합의 반대말은 '유한집합'으로 {1, 2, 3, 4}가 그 예이다. 무한집합이 유한한 문자의 나열로 표현될 수 있다는 점이 신기하게 느껴질 수 있다. 무한집합에서 하나를 빼도 여전히 무한집합이다. 그렇다면 몇 개를 빼면 무한집합이 아니게 될까? 이 의문은 밀 한 더미에서 밀을 한 톨씩 빼 나갈 때, 몇 개부터 더미가 아니게 되는 것일까를 묻는 '더미의 역설'과 뒤에 설명할 '힐베르트의 호텔'과도 연결된다.

∞ link   무한/p.77, 실수/p.142, 집합/p.210, 연속체 가설/p.215, 대각선 논법/p.308, 힐베르트의 호텔/p.310

공집합

空集合 empty set

아무 원소도 없는 집합을 공집합이라고 한다. ∅나 { }로 나타낸다. '2로 나누어떨어지는 홀수의 집합'이나 '제곱했을 때 음수가 되는 실수의 집합'은 둘 다 해당하는 수가 없기 때문에 공집합이 된다. '아무것도 없다'를 나타내는 공집합은 '아무것도 없다'를 나타내는 수 0에 해당한다. 예를 들어, 수의 계산 $0+5=5$에서 0이 결과에 영향을 주지 않는 것처럼, 공집합과 집합 {1, 2, 3, 4, 5}를 합한 집합도 변함없이 {1, 2, 3, 4, 5}로 남는다. 즉, 공집합은 집합의 연산에서 0과 같은 역할을 하며, 0이 계산에서 필수적인 것처럼 공집합도 수학에 없어서는 안 될 존재이다.

∞ link   0/p.20, 집합/p.210

연속체 가설

連續體假說 continuum hypothesis

1, 2, 3, …으로 이어지는 자연수와 소수(小數)로 표현되는 실수의 개수는 둘 다 무한히 많지만, 자연수보다 더 개수가 많은 것이 실수라는 가설이다. 여기서 '연속체'란 실수를 가리킨다. 사실 무한에도 많고 적음이 있다는 사실은 잘 알려져 있지 않다. 실제로 수직선 위에 나타내면 '띄엄띄엄' 있는 자연수에 비해 '빈틈없이' 채워지는 실수의 개수가 훨씬 더 많고, 그 차이가 매우 커서 자연수보다 많고 실수보다는 적은 무한이 존재하느냐를 두고 논쟁이 일었다. 칸토어가 처음으로 제기한 이 가설은 1963년에 현재의 표준적 수학에서는 '이것은 참이라고도 거짓이라고도 할 수 없다'는 것이 증명되었다. 즉, '띄엄띄엄' 있는 자연수와 '빈틈없이' 채워진 실수 사이에 또 다른 무한이 있든 없든 상관없다는 의미이다.

link 자연수/p.19, 농도·밀도/p.46, 무한/p.77, 증명/p.116, 실수/p.142, 수직선/p.180, 대각선 논법/p.308

서수·기수

序數·基數 ordinal number·cardinal number

순서를 나타내는 수를 서수라고 한다. 순서수라고도 한다. 만화의 제'5'권은 다섯 번째라는 순서를 나타내므로 서수이다. 한편, 만화가 '5'권 있을 때의 5는 순서가 아니라 개수를 나타낸다. 이를 기수라고 한다. '몇 번째'와 '몇 개' 사이에는 큰 차이가 없어 보이지만, 무한이 된다면 상황이 달라진다. 1, 2, 3, …하고 계속 세어 가다 무한에 도달했다고 해 보자. 이 도달한 무한을 여기서는 ω(오메가)라 하면, ω의 다음은 $\omega+1$이 된다. 따라서 서수로는 $\omega < \omega+1$이지만, 기수로는 $\omega = \omega+1$이 된다. 말이 안 된다고 생각할지 몰라도, 이것은 증명이 가능하다. 무한을 생각하면 머리가 혼란스러워지지 않는가? 무한의 개념은 생각할수록 신비롭기만 하다.

🔗 link 수사/p.18, 무한/p.77, 등식/p.92, 증명/p.116, 힐베르트의 호텔/p.310, 가무한·실무한/p.312

페아노 공리
Peano axioms

자연수 0, 1, 2, 3, …을 정의하는 공리 체계. '0은 자연수이다', 'a가 자연수이면, a의 다음 수도 자연수이다' 등 5개의 공리로 구성된다. 페아노 공리는 자연수의 계산과 성질을 엄밀하게 재정의했으며, 그 핵심은 바로 '다음 수'이다. 예를 들어, 자연수 n의 다음 수를 $s(n)$으로 나타내고, 이를 이용해 $1+1=2$를 생각하면, $1+1=1+s(0)=s(1+0)=s(1)$이된다. 이 마지막 $s(1)$은 '1의 다음', 즉 2가 된다. 이는 직선이나 평행 등 평면 도형을 정의한 유클리드 기하학의 공리의 당연함과 비슷한 것이다. 당연한 것은 도리어 어렵다.

🔗 link 자연수/p.19, 0/p.20, 등식/p.92, 유클리드 기하학/p.104, 증명/p.116, 수학적 귀납법/p.122, 함수/p.148

교환법칙

交換法則 commutative law

두 수의 순서를 바꾸어 계산해도 그 결과가 같다는 법칙. 예를 들어, $2+3$과 $3+2$는 모두 5가 된다. 이 법칙은 덧셈과 곱셈에서 성립한다. 당연해 보이지만, 행렬에서는 교환법칙이 덧셈에서는 성립해도 곱셈에서는 성립하지 않는다. 또한, 수의 뺄셈이나 나눗셈에서도 성립하지 않는다. 우리가 습관적으로 사용하는 것일 뿐 항상 순서를 바꿔 계산할 수 있는 것은 아니다. 햄버그스테이크와 곁들여 나온 당근 중 어느 것을 먼저 먹을지 선택하는 것도 사람에 따라 중요한 문제일 수 있다. 순서를 생각한다는 것은 $x+y$와 $y+x$를 구분하는 것을 의미한다. 따라서 행렬의 곱셈처럼 교환법칙이 성립하지 않는 수학을 이해하면, 음식을 먹는 순서도 수학적으로 생각할 수 있게 될지 모른다.

⚭ link 사칙연산/p.22, 암산/p.76, 행렬/p.184, 결합법칙/p.219, 군/p.286

결합법칙

結合法則 associative law

세 수 이상의 계산에서 계산 순서에 상관없이 그 결과가 같다는 법칙. 예를 들어, $(5 \times 6) \times 7$과 $5 \times (6 \times 7)$은 모두 210이 된다. 이 법칙은 덧셈과 곱셈에서 성립하며, 문자로 표현하면 $(a+b)+c=a+(b+c)$, $ab(c)=a(bc)$가 된다. 앞서 나온 예에서는 각각 30×7, 5×42가 되는데, 이를 비교해 보면 알 수 있듯이 결합법칙을 이용하면 계산을 좀 더 쉽고 빠르게 할 수 있다. 교환법칙, 결합법칙 외에도 분배법칙 $(a+b)c=ac+bc$가 있다. 계산에 능숙한 사람은 이러한 법칙을 잘 활용한다. 다만, $(2^3)^4$은 4096, $2^{(3^4)}$은 25자리의 거대한 수로 값이 다르듯이, n제곱에서는 결합법칙이 성립하지 않는다. 이처럼 우리가 익숙한 계산 법칙들이 모든 상황에서 성립하는 것은 아니다. 다양한 수학을 아는 것은 표현력을 풍부하게 만들어 준다.

🔗 link 사칙연산/p.22, n제곱/p.70, 암산/p.76, 등식/p.92, 교환법칙/p.218

곡선

曲線 curved line

구부러진 선. 점이 빈틈없이 나열된 것이 선이며, 두 점 사이의 최단 거리를 연결한 선을 직선, 직선이 아닌 선을 곡선이라고 한다. 곡선이라고 하면 보통 매끄러운 모양을 떠올릴 것이다. 매끄럽다는 것은 뾰족한 부분이 없는 상태를 의미하며, 수학에서는 이를 미분 가능하다고 한다. 비단처럼 만져도 까끌까끌하지 않은 것을 '매끄럽다', 양모처럼 까끌까끌한 것을 '뾰족하다'에 비유할 수 있다. 모든 부분에서 까끌까끌한 바이어슈트라스 함수는 매끄러움의 가장 반대편에 있다. 이 때문에 '병적인 함수'라고도 불린다.

곡선의 그룹

곡선에는 몇 가지 그룹이 있다. 원과 타원, 쌍곡선, 포물선은 '원뿔 곡선'이라는 그룹으로 묶인다. $\sin\theta$와 $\cos\theta$가 만드는 파동의 곡선, 지수함수와 로그함수가 그리는 곡선도 각각 하나의 그룹으로 묶을 수 있다. 이차함수, 더 나아가 삼차, 사차로 이어지는 n차 함수의 그래프도 하나의 곡선 그룹에 속한다. 이 그룹의 특징은 구부러지는 횟수로, 이차함수는 한 번, 삼차함수는 최대 두 번, n차함수는 최대 $(n-1)$번 구부러진다. 이 외에도 다양한 곡선이 있지만, 어떤 곡선이든 구부러진 정도를 측정하는 것은 미분이다. 미분이 없다면 복잡한 곡선의 형태를 정확하게 파악할 수 없다.

⊂⊃ link 직선/p.38, 원/p.58, 이차함수/p.152, 타원/p.154, 포물선/p.156, 원뿔 곡선/p.158, 미분/p.160

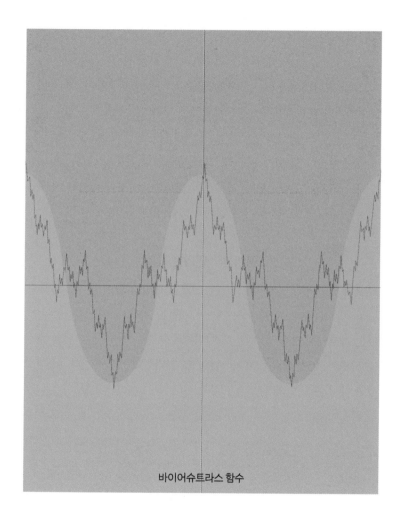

바이어슈트라스 함수

비유클리드 기하학

non-Euclidean geometry

유클리드 기하학의 평행선에 대한 규칙을 바꾼 기하학. 유클리드 기하학의 5가지 공준 중 하나인 '직선 *l* 밖의 한 점을 지나며, *l*과 평행한 직선은 단 하나뿐이다'라는 평행선 공준은 내용이 복잡하여, 더 간단히 표현하거나 다른 4가지 공준으로부터 증명하려는 시도가 수없이 이어졌다. 유클리드 기하학이 구축된 지 약 2천 년이 지난 19세기에 '평행선 공준이 없어도 되지 않을까?'라는 발상의 전환이 일어나면서 비유클리드 기하학이 탄생했다. 평행선이 만나는 등 '조금 특이한 기하학'이지만, 유클리드 기하학이 유일한 기하학이 아님을 보여 주었다.

평행선이 만나는 세계

평행선이 만나면 어떤 일이 일어날까? 수평인 지면에 수직으로 뻗은 나무 두 그루를 상상해 보자. 이 두 나무는 평행하지만, 평행선이 만나는 세계에서는 이 두 나무도 어딘가에서 만나게 된다. 이렇게 해서 두 나무와 지면이라는 3개의 직선으로 삼각형이 만들어진다. 이 삼각형의 세 각은 지면과 나무가 이루는 90°의 각 2개와 두 나무가 만나는 각으로 이루어진다. 두 나무가 만나는 각을 $x°$라고 하면, 세 각의 합은 $(180+x)°$가 되고, x는 0보다 크기 때문에 삼각형의 내각의 합은 180°를 넘는다. 비유클리드 기하학에는 이러한 삼각형이 존재한다.

🔗 **link** 삼각형/p.48, 유클리드 기하학/p.104, 평행/p.106, 타원 기하학/p.224, 쌍곡 기하학/p.225, 리만 기하학/p.226

타원 기하학

椭圓幾何學 elliptic geometry

비유클리드 기하학의 하나. 유클리드 기하학의 평행선 공준 '직선 *l* 밖의 한 점을 지나며, *l*과 평행한 직선은 단 하나뿐이다'를 '평행선은 반드시 만난다'로 바꾼 기하학이다. 구면 위에서 점, 선, 면, 도형 등을 다룬다고 생각하면 이해하기 쉽다. 지구본의 경선(세로선)은 지구본을 아주 가까이에서 보면 직선으로 보이고, 적도 근처에서는 두 경선이 평행선처럼 보인다. 하지만 모든 경선은 북극점과 남극점에서 반드시 만난다. 이를 통해 '반드시 만나는 평행선'의 개념을 실감할 수 있다. 경도 0°와 90°의 두 경선, 그리고 적도, 이 세 직선이 만드는 삼각형의 세 내각의 합은 270°가 된다.

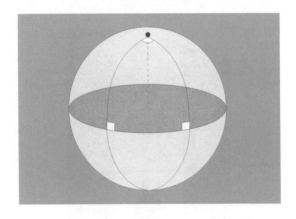

⊂⊃link 삼각형/p.48, 평행/p.106, 비유클리드 기하학/p.222, 리만 기하학/p.226

쌍곡 기하학

雙曲幾何學 hyperbolic geometry

비유클리드 기하학의 하나. 유클리드 기하학의 평행선 공준 '직선 *l* 밖의 한 점을 지나며, *l*과 평행한 직선은 단 하나뿐이다'를 '직선 *l*에 평행한 직선이 2개 이상 있다'로 바꾼 기하학이다. 쌍곡 기하학은 오목한 곡면 위에서 점, 선, 면, 도형 등을 다룬다. 예를 들어, 반구를 바로 위에서 내려다볼 때 지름에 해당하는 직선 *l*과, 좌우 가장자리에 있는 임의의 두 점을 직선 *l*을 가로지르지 않고 구의 표면을 따라 내려가면서 연결한 직선 *m*은 '평행'으로 간주된다. 이러한 직선 *m*은 무수히 많으며, 이는 '평행한 직선이 2개 이상 있다'는 것을 의미한다. 쌍곡 기하학의 삼각형은 내각의 합이 180°보다 작아진다.

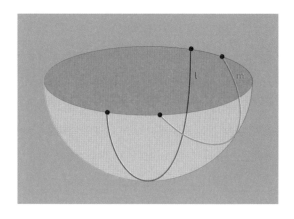

🔗link 삼각형/p.48, 평행/p.106, 비유클리드 기하학/p.222, 리만 기하학/p.226

225

리만 기하학

Riemannian geometry

유클리드 기하학, 타원 기하학, 쌍곡 기하학을 합친 총칭. 이 3가지 기하학은 평행선에 대한 규칙만 다를 뿐, 그 외의 규칙은 동일하다. 평면에서 생각하는 것이 유클리드 기하학, 볼록한 곡면에서 생각하는 것이 타원 기하학, 오목한 곡면에서 생각하는 것이 쌍곡 기하학이다. 도형을 평면에서 생각하느냐, 곡면에서 생각하느냐에 따라 크게 다르며, 이를 함께 다루는 것이 어색하게 느껴질 수도 있다. 하지만 그런 생각이 든다면 평평해 보이는 운동장이 사실 지구라는 구면 위에 있다는 사실을 떠올려 보길 바란다. 평면이라는 이상적인 토대에 얽매이지 않고, 기하학의 가능성을 넓힌 것이 바로 리만 기하학이다.

'길이'와 '각도'만 있으면 된다

기하학에 필요한 것은 무엇일까? 삼각형의 한 변이나 원의 크기는 길이로 측정한다. 또 하나는 각도이다. 각도가 없으면 직각을 제외한 모든 각도가 '비스듬한 각'이 되어 버리므로 지나치게 대략적이다. 넓이나 부피를 생각할 때는 '길이'와 '각도' 두 가지만 있으면 충분하다. 토대가 되는 면이나 공간이 구부러져 있어도 상관없다. 이것이 리만 기하학이 성립하는 이유라고 할 수 있다. 관측에 따르면 우주 공간은 휘어져 있으며, 길이도 각도도 우리가 알고 있는 것과는 다르다고 한다. 리만 기하학은 우주의 끝을 생각하는 최첨단 물리학에 적용된다.

수의 역사 **게오르크 베른하르트 리만**

19세기 독일의 수학자. 리만이 가우스에게 수학을 배우고 훗날 교수로 재직했던 독일 괴팅겐 대학교는 클라인, 힐베르트 등 뛰어난 수학자들이 거쳐 갔다.

🔗 link 유클리드 기하학/p.104, 비유클리드 기하학/p.222, 타원 기하학/p.224, 쌍곡 기하학/p.225

차원

次元 dimension

공간에서 자유롭게 움직일 수 있는 방향의 수. 평평한 운동장에서는
앞뒤와 좌우 두 방향으로 자유롭게 움직일 수 있으므로, 운동장과 같
은 평면은 2차원으로 표현된다. 반면, 똑바로 놓인 직선 레일 위를 달
리는 기차는 앞뒤로만 움직일 수 있다. 따라서 직선은 1차원이다. 우
리가 생활하는 공간은 앞뒤와 좌우에 상하를 더한 3차원이 된다. 그다
음 4차원은 앞뒤, 좌우, 상하에 시간을 더하는 것이 일반적이다. n차원
공간의 좌표는 n개의 수로 표현할 수 있다. 무중력 공간에서는 진정한
3차원적 움직임이 가능하지만, 지상에서는 중력에 의해 지면에 붙잡혀
있어 상하 이동에 제약을 받는다. 즉, 우리는 어떤 의미에서는 2차원
세계의 주민이라고 할 수 있다.

⊂⊃ link 직선/p.38, 평면/p.40, 공간/p.41, 프랙털/p.272, 매듭 이론/p.304, 푸앵카레 추
측/p.329

계수

階數 rank

행렬의 특징을 나타내는 수. 랭크(rank)라고도 한다. 행렬의 성질을 크게 바꾸지 않는 '기본 변형(행 실수 배, 행 교환, 행 더하기)'을 이용해 왼쪽 아래의 부분을 가능한 한 0으로 만든 행렬에서 0이 아닌 성분을 갖는 행의 개수. 예를 들어, 왼쪽 행렬을 기본 변형한 오른쪽 행렬은 0이 아닌 성분을 갖는 행이 2개이므로 계수는 2이다.

$$\begin{bmatrix} 1 & 2 & 3 & 4 \\ 2 & 3 & 4 & 5 \\ 4 & 6 & 8 & 10 \end{bmatrix} \quad \begin{bmatrix} 1 & 2 & 3 & 4 \\ 0 & -1 & -2 & -3 \\ 0 & 0 & 0 & 0 \end{bmatrix}$$

왼쪽 행렬은 위에서부터 순서대로 연립방정식 $x + 2y + 3z = 4$, $2x + 3y + 4z = 5$, $4x + 6y + 8z = 10$을 나타내는데, 세 번째 식은 두 번째 식의 양변을 2배 한 식으로 새로운 정보를 포함하지 않는다. 이처럼 계수는 행렬이 갖는 정보의 수를 나타내며, 기하학과의 관계에서는 직선이나 평면 등의 차원과 일치한다.

⊂⊃ link 직선/p.38, 평면/p.40, 공간/p.41, 연립방정식/p.97, 행렬/p.184, 차원/p.228

무한급수

無限級數 infinite series

무한히 이어지는 수열의 합. $\frac{1}{2}+\frac{1}{4}+\frac{1}{8}+\cdots$ 등. 끝없이 계속 더해 가는 것은 실제로 불가능하지만, 몇 개의 항을 더한 후 추측하거나 작은 수를 무시하는 방법으로 무한급수를 생각할 수 있다. 정확한 값을 구할 때는 유한개 항의 합의 극한을 구하면 된다. 앞의 예에서 n번째까지의 합은 $1-\frac{1}{2^n}$이 되고, 여기서 n을 무한히 크게 하면 $\frac{1}{2^n}$이 0에 한없이 가까워지므로 무시할 수 있다. 따라서 $\frac{1}{2}+\frac{1}{4}+\frac{1}{8}+\cdots$의 값은 1이 된다. 자연수의 합 $1+2+3+4+5+\cdots$는 무한히 커지지만, 복소함수인 제타함수를 사용하여 계산하면 이 값은 $-\frac{1}{12}$이 된다.

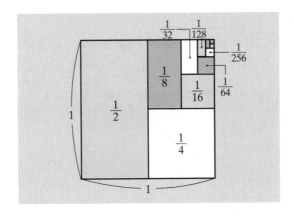

⊂⊃link 수열/p.32, 무한/p.77, 극한/p.169, 수렴·발산/p.236, 복소함수/p.240, 리만 가설/p.331

테일러 전개

Taylor expansion

함수의 대략적인 값을 계산하는 방법. 삼각함수 등 구체적인 값을 구하기 어려운 함수의 값을 x, x^2, x^3 등을 이용하여 구한다. 삼각함수 $y = \sin x$의 그래프는 수평으로 진행하는 파형이 된다. 이 매끄러운 곡선을 여러 개의 짧은 선분을 연결한 삐죽삐죽한 곡선으로 표현하는 것이 가장 간단한 $y = \sin x$의 테일러 전개이다. 각각의 짧은 선분은 일차함수로 표현되며, 여기에 삼차함수, 오차함수, …로 항을 추가하여 조정하면 삐죽삐죽한 선은 원래의 매끄러운 파형에 가까워진다. 식으로 표현하면 $\sin x = x - \dfrac{1}{3!}x^3 + \dfrac{1}{5!}x^5 - \dfrac{1}{7!}x^7 + \cdots$이며, 이 식에 $x = 1$을 대입하면 $\sin 1 = 0.8414\cdots$로 계산할 수 있다.

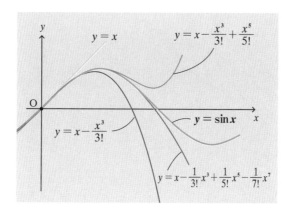

뉴턴법
Newton's method

곡선과 x축의 교점의 x좌표를 구하는 방법. 방정식이나 곡선의 형태는 알지만, 방정식을 풀기 어려울 때 유용하다. 천장이 점점 낮아지다가 결국 수평인 바닥과 맞닿는 동굴을 상상해 보자. 이 동굴의 어느 지점에서 동굴 안쪽을 향해 수평 방향으로 힘차게 공을 던지면, 공은 어딘가에서 천장에 부딪힌 후 튕겨 나와 바닥을 향하게 된다. 공의 속도가 충분히 빠르다면, 공은 바닥에서 다시 튕겨 나와 또다시 천장으로 향한다. 이런 과정을 반복하면 조건에 따라서는 공은 동굴의 가장 깊은 곳, 즉 천장과 바닥이 만나는 지점에 도달하게 된다. 뉴턴법을 이해하는 데는 이런 이미지를 떠올리는 것이 도움이 된다. 대략적으로 말하면, 튕겨 나오는 공의 궤적이 접선과 미분에 해당한다.

수의 역사 ▶ **아이작 뉴턴**
17~18세기 영국의 학자. 라이프니츠와 함께 미분과 적분의 창시자로 불린다. 영국의 공영 방송에서 실시한 '가장 위대한 영국인 100명' 투표에서 6위를 차지했다.

link 방정식/p.94, 미분/p.160, 데카르트 기하학/p.178, 곡선/p.220

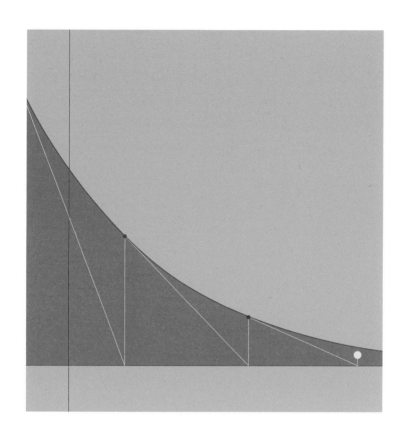

진동

振動 oscillation

1, −1, 1, −1, …과 같이 수의 배열이 규칙적으로 반복되는 것. 조금
더 복잡한 2, 5, 2, −1, 2, 5, 2, −1, …도 진동의 일종이다. 진동은 사인
이나 코사인 등 삼각함수와 잘 연결되며, 앞의 예는 각각 $\cos(180° \times n)$,
$3\sin(90° \times n) + 2$와 같이 삼각함수로 표현할 수 있다. 진동은 메트로놈
과 같은 진자를 떠올리면 이해하기 쉽다. 실제 진자는 마찰이나 공기
저항으로 인해 움직임이 점차 줄어든다. 이 현상을 감쇠라고 하며, 감
쇠도 삼각함수로 표현할 수 있다. '진동=삼각함수'라고 해도 과언이
아니다.

🔗 link   수열/p.32, 삼각함수/p.126, 곡선/p.220, 수렴·발산/p.236, 최대·최소/p.258

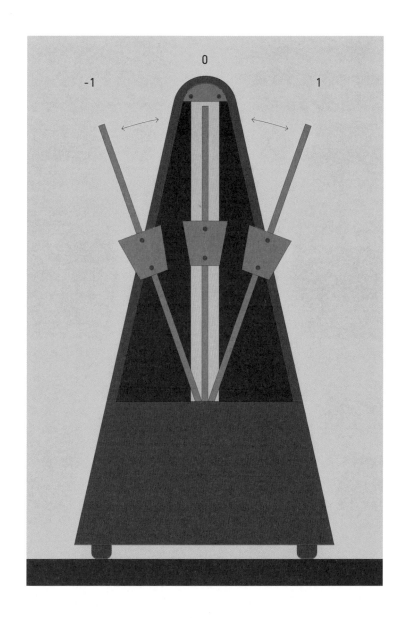

수렴·발산

收斂 · 發散 convergence · divergence

수열이 어떤 값에 계속 가까워질 때, 그 수열은 '수렴한다'라고 한다. 예를 들어, 자연수의 역수의 수열 $\frac{1}{1}, \frac{1}{2}, \frac{1}{3}, \frac{1}{4}, \cdots$의 값은 점점 작아져 0에 가까워진다. 따라서 이 수열은 '0에 수렴한다'고 할 수 있다. 수열이 수렴하지 않고 점점 커지거나 작아질 때, 그 수열은 '발산한다'라고 한다. 2배씩 커지는 수열 1, 2, 4, 8, $\cdots$은 양의 무한대로 발산하고, 2씩 작아지는 수열 $-2, -4, -6, -8, \cdots$은 음의 무한대로 발산한다. 수렴하는 수열에서는 인접한 두 수의 차이가 0에 가까워지지만, 발산하는 수열에서는 그렇지 않다. 이 성질이 수렴과 발산을 판단하는 방법 중 하나이다.

수열의 끝

수열의 끝은 그래프로 쉽게 확인할 수 있다. 가로축을 수열의 순서, 세로축을 수열의 값으로 하면, 수열 $\frac{3}{1}, \frac{5}{2}, \frac{7}{3}, \frac{9}{4}, \cdots$는 그래프의 오른쪽 부분에서 y좌표가 2에 가까워진다. 2배씩 커지는 수열 1, 2, 4, 8, $\cdots$이나, 2씩 작아지는 수열 $-2, -4, -6, -8, \cdots$은 오른쪽 위나 오른쪽 아래로 뻗어 나간다. 이것이 발산하는 그래프의 특징이다. 수열의 끝은 수렴과 발산뿐만이 아니다. 예를 들어 1, -1, 1, -1, $\cdots$과 같이 2개의 값이 반복되는 수열을 진동이라고 한다. 수렴, 발산, 진동 외에 수열의 끝이 또 있을까?

link 수열/p.32, 무한/p.77, 반비례/p.146, 극한/p.169, 진동/p.234, 최대·최소/p.258

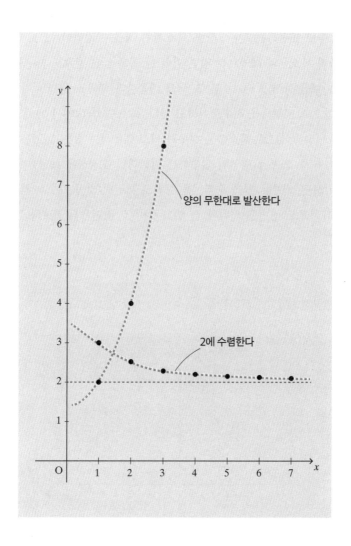

양의 무한대로 발산한다

2에 수렴한다

237

가우스 평면
Gauss plane

복소수로 표현하는 2차원 평면. 복소평면, 복소수 평면이라고도 한다. 하나의 복소수와 데카르트 평면 위의 한 점은 같은 것으로 간주할 수 있다. 예를 들어, $3+4i$는 점 $(3, 4)$에 대응한다. 가우스 평면의 가로축을 실수축, 세로축을 허수축이라고 한다. 복소수 $a+bi$에서 $b=0$일 경우 $a+0i=a$이므로, 복소수는 실수가 되고 대응하는 점은 실수축에 위치한다. 즉, 가우스 평면의 실수축은 일반적인 수직선에 해당한다. 바꿔 말하면, 좌우로 뻗은 수직선을 상하로 확장한 것이 가우스 평면이다. 데카르트 평면은 벡터와 잘 맞고, 가우스 평면은 극좌표와 잘 맞는다.

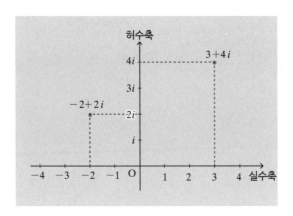

데카르트 평면과 가우스 평면의 사용 구분

데카르트 평면과 가우스 평면은 2차원 평면을 나타내는 서로 다른 표현이다. 데카르트 평면은 평행이동, 가우스 평면은 회전운동을 표현하는 데 적합하다. 예를 들어, 원점 (0, 0)에서 동쪽으로 2, 북쪽으로 3 떨어진 지점에 쓰레기가 떨어져 있다고 하자. 그 위치를 데카르트 좌표로 표현하면 (2, 3), 복소수로 표현하면 $2+3i$이다. 이 쓰레기를 원점 기준 동쪽으로 10, 북쪽으로 10만큼 떨어진 위치에 있는 쓰레기통으로 최단 거리로 옮기려면 벡터 (8, 7)을 더하면 된다. 즉, (2, 3)+(8, 7)=(10, 10)이 되는 벡터의 덧셈이다. 다른 쓰레기통이 쓰레기로부터 $45°$ 회전한 위치에 있는 경우, 그 쓰레기통에 넣으려면 $45°$ 회전을 나타내는 복소수 $\dfrac{1}{\sqrt{2}}+\dfrac{1}{\sqrt{2}}i$를 $2+3i$에 곱하면 된다.

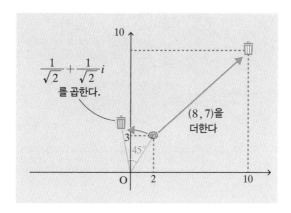

link 실수/p.142, 데카르트 좌표/p.176, 수직선/p.180, 극좌표/p.181, 벡터/p.182, 복소수/p.188, 복소함수/p.240

복소함수

복素函數 complex function

복소수를 대상으로 하는 함수. 예를 들어, '2배 하기'라는 함수에 복소수 $3+4i$를 넣었을 때 $6+8i$가 나오면, 이 함수는 복소함수로 간주된다. 복소함수와 대비해 실수만을 다루는 함수를 실함수라고 부르기도 한다. 실수는 수직선 위의 점으로 표현되므로, 실함수는 수직선 위의 점에서 점으로의 대응이다. 한편, 복소수는 평면 위의 점으로 표현되므로, 복소함수는 평면상의 점에서 점으로의 대응이다. 예를 들어, 1을 i로, $3+4i$를 $-4+3i$로 만드는 복소함수 'i배 하기'는 평면에서 원점을 중심으로 $90°$ 회전을 나타낸다. 실제로 1이나 i, $3+4i$, $-4+3i$를 평면 위의 점으로 표현하면 더 쉽게 이해할 수 있다.

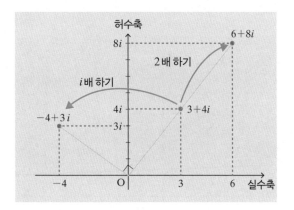

복소 해석학

複素解析學 complex analysis

복소함수의 미분이나 적분 등과 관련된 성질을 다루는 수학의 한 분야. 복소수 $-\frac{4}{3}+5i$에는 $-\frac{4}{3}$와 5의 두 실수가 포함되어 있는 것처럼, 복소함수도 2개의 함수로 이루어진다. 이 '2개'라는 것은 2차원 평면과 잘 맞으며, 따라서 복소 해석학은 2차원 도형의 분석에 유용하다. x, y 두 좌표는 각각 코사인과 사인, 나아가 이 두 삼각함수는 지수함수로 연결된다. 이렇게 복소 해석학에서 주요 함수들이 한데 모이게 된다. 구멍도 티끌도 없는 마룻바닥 위에 끈으로 원을 만든다고 상상해 보자. 끈의 한쪽 끝을 잡고 쭉 잡아당기면 무엇에도 걸리지 않고 모두 회수할 수 있다. 복소 해석학에서는 이를 '적분이 0'이라고 표현한다.

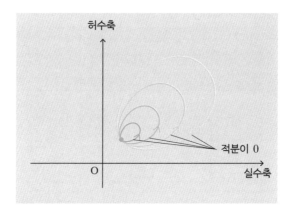

푸리에 급수 전개

Fourier series expansion

복잡한 파동을 여러 개의 규칙적인 파동으로 나누는 방법. 어떤 파형에 그 절반의 주기로 상하로 움직이는 파형을 더하면, 마루와 골의 개수가 2배가 되는 복잡한 파동이 만들어진다. 이 복잡한 파동을 다시 원래의 마루와 골의 개수를 지닌 단순한 파동으로 되돌리는 것이 바로 푸리에 급수 전개이다. 무수히 많은 파동을 잘 더하면 마루와 골이 모두 수평인 직선의 파동을 만들 수 있다. 이 직선 형태의 파동을 0 또는 1로 이루어진 디지털로 본다면, 부드러운 곡선의 파동은 아날로그에 해당한다. 디지털을 결단, 아날로그를 우유부단에 비유한다면, 푸리에 급수 전개는 이 둘을 연결해 주는 수학이라고 할 수 있다.

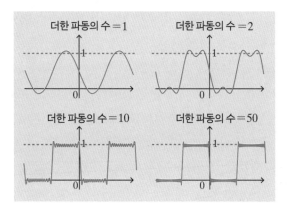

라플라스 변환

Laplace transform

미분이나 적분 계산을 간단하게 만드는 방법. 전기 회로나 기계의 제어를 나타내는 미분 방정식을 풀 때 유용하다. 복잡한 함수의 미분이나 적분은 어렵고, 특히 적분은 계산 기술이 필요할 뿐만 아니라 아예 계산이 불가능한 경우도 많다. 라플라스 변환은 미분을 곱셈의 형태로, 적분을 나눗셈의 형태로 바꿀 수 있기 때문에 계산이 간단해지고 특별한 계산 기술이 필요 없어진다. 거리나 속도, 시간으로 표현되는 '실수의 세계'의 문제를 라플라스 변환으로 '복소수의 세계'로 옮겨 계산한 뒤, 다시 원래의 '실수의 세계'로 되돌려 놓는 것으로 생각하면 된다. 라플라스는 18세기 수학자의 이름이다.

link 실수/p.142, 함수/p.148, 미분/p.160, 미분 방정식/p.162, 적분/p.164, 복소수/p.188

감마함수
gamma function

계승에 음수나 분수, 복소수를 대입할 수 있도록 한 함수. 예를 들어, 햄버그스테이크, 감자, 당근을 순서를 정해 먹는 방법은 3의 계승, 즉 $3! = 3 \times 2 \times 1$로 6가지가 된다. 계승은 '주어진 수에서 1까지 1씩 빼 가며 모두 곱하는 계산'이므로, 이 방식으로는 음수나 분수의 계승은 생각할 수 없다. 이를 해결해 주는 것이 감마함수이다. 위의 식에 $\frac{1}{2}$을 대입하면 $\frac{\sqrt{\pi}}{2}$가 된다. 즉, $\frac{1}{2}! = \frac{\sqrt{\pi}}{2}$이며, $\frac{1}{2}$개의 음식을 순서를 정해 먹는 방법은 $\frac{\sqrt{\pi}}{2}$가지라는 의미가 된다. 만약 그런 음식점이 있다면 가 보고 싶다.

델타함수

'크로네커의 델타'를 확장한 함수. 크로네커의 델타 δ_{ij}는 양의 정수 i와 j가 같을 때는 1, 그렇지 않을 때는 0이 된다. 예를 들어, $\delta_{22} = 1$, $\delta_{34} = 0$이다. 크로네커 델타에서는 i와 j에 양의 정수만 대입할 수 있지만, 델타함수는 실수도 대입할 수 있다. 감마함수나 델타함수처럼 수학에서는 원래의 성질을 유지한 채 적용 범위를 넓히는 경우가 종종 있다. 이러한 확장이 어떤 의미가 있을지 의문이 들 수도 있지만, 감마함수는 복잡한 적분 계산을 간단하게 만들고, 델타함수는 공간을 떠도는 하나의 입자를 수식으로 표현할 수 있게 해 준다. 언뜻 보기에 무의미해 보이는 확장에서도 의외의 이점을 얻을 수 있다.

∞ link   음수/p.27, 원주율/p.60, 계승/p.87, 분수/p.138, 실수/p.142, 함수/p.148, 적분/p.164, 복소수/p.188, 순열/p.288

편미분

偏微分 partial differentiation

2개 이상의 변수를 가진 함수에서 특정 변수를 제외한 나머지 변수는 상수로 보고, 그 한 변수에 대해서만 미분하는 것. 예를 들어, $y=4x^3$의 미분은 $y'=12x^2$이지만, $y=a^2x^3$의 미분이 항상 $y'=3a^2x^2$이 된다고는 할 수 없다. 왜냐하면 $y=4x^3$의 4는 상수이지만, $y=a^2x^3$의 a^2은 변수로도 볼 수 있기 때문이다. $y=a^2x^3$이 a와 x의 두 변수의 함수라고 할 때, a에 대한 편미분은 $2ax^3$, x에 대한 편미분은 $3a^2x^2$이 된다. 2개의 변수를 가진 함수로 3차원의 산을 그릴 수 있다. 미분이 산의 기울기를 나타내는 것과 함께 생각하면, 편미분을 이용하여 기울기가 완만한 경로를 알 수 있다.

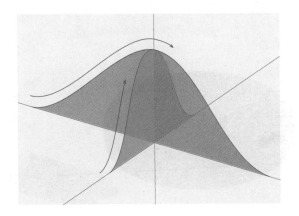

ᗑ link 문자식/p.88, 함수/p.148, 미분/p.160, 최대·최소/p.258

확률

確率 probability

어떤 일이 일어날 가능성을 나타내는 값. 0에서 1까지의 수로 나타내며, 반드시 일어날 경우에는 1, 일어나지 않을 경우에는 0이 된다. 예를 들어, 동전을 던져 앞면이 나올 확률은 $\frac{1}{2}$, 가위바위보에서 상대가 주먹을 낼 확률은 $\frac{1}{3}$이다. 두 사람이 가위바위보를 할 때 승리, 패배, 비길 확률은 각각 $\frac{1}{3}$이며, 승패가 결정될 때까지 반복한다면 승리와 패배의 확률은 각각 $\frac{1}{2}$이 된다. 반면, 프로 기사와 초보자가 바둑을 둘 때 초보자가 이길 확률은 거의 0에 가까울 것이다. 따라서 '승리와 패배, 결과는 2가지이므로 확률은 $\frac{1}{2}$이다'라는 말은 맞지 않다. 사람들이 아침마다 확인하는 강수 확률은 '기압 배치 등 조건이 같을 때 1mm 이상의 비가 내릴 확률'을 의미한다.

확률의 역할

주사위가 정말로 정확한 정육면체인지는 알 수 없다. 값싼 제품은 정확하지 않을 수도 있고, 주사위 내부의 밀도도 확률에 영향을 미칠 수 있다. 그러나 1부터 6까지의 숫자가 정확히 $\frac{1}{6}$씩 나온다고 가정하고, 앞으로 일어날 일에 대해 생각하는 것이 확률의 역할이다. 예를 들어, 크기가 다른 두 주사위를 던져 나온 숫자의 곱이 '5 이하의 수'와 '홀수' 중 어느 쪽이 더 많이 나올지를 생각해 보자. 이때 주사위가 정확한 정육면체인지 아닌지는 중요하지 않다. 주사위를 던지지 않아도, 혹은 주사위가 없더라도 그 결과를 알 수 있기 때문이다.

link 백분율/p.137, 분수/p.138, 통계/p.250, 난수/p.300, 베이즈 추론/p.322, 몬티 홀 문제/p.326

247

이론값

理論값 theoretical value

물리나 화학 등에서 다루는 이론상의 값. 지구 위의 모든 물체에는 중력이 작용한다. 이 중력에 관한 값인 중력가속도는 $9.8\,m/s^2$으로 알려져 있는데, 실험을 통해 측정해도 정확히 이 값이 나오는 경우는 드물다. 수식이나 이론에서 도출된 값을 '이론값', 실험을 통해 실제로 구한 값을 '측정값' 또는 '실측값'이라고 한다. 측정값은 측정할 때마다 차이가 나기 때문에 평균이나 분산 같은 통계적 처리를 한다. 이론값과 측정값의 차이는 측정 기술이나 장치의 정확도 등의 원인으로 발생한다. 이론값과 측정값이 근접할 때 '잘 맞는다'라고 하며, 이 순간 과학자나 기술자는 성취감을 느낀다.

⚬link 유효숫자/p.249, 통계/p.250, 회귀분석/p.254

유효숫자

有效數字 significant figures

측정한 값의 표현 방법. cm 단위까지 눈금이 있는 자 A, mm 단위까지 눈금이 있는 자 B로 책상의 폭을 측정한다고 하자. A는 157cm, B는 157cm 0mm로 나왔다. A의 값은 157cm, B의 값은 157.0cm로 표현하며, 유효숫자는 각각 3자리, 4자리가 된다. 측정값이 같은 경우에도 반올림하는 위치에 따라 유효숫자가 달라진다. 예를 들어, 12.3456을 소수점 둘째 자리에서 반올림하면 12.3, 소수점 넷째 자리에서 반올림하면 12.346이 되어, 유효숫자는 각각 3자리와 5자리가 된다. 설탕 1테이블스푼은 약 15g. 몸무게의 유효숫자로는 무시할 수 있는 양이지만, 심리적으로는 어떨까?

🔗 link 반올림/p.86, 이론값/p.248, 통계/p.250

통계

統計 statistics

수의 집합이 가지는 특징을 수량으로 나타내는 분야. 예를 들어, A는 키가 175cm, 몸무게는 80kg, 나이는 20세이다. 이 값들은 A의 특징의 일부이며, 한 번도 만난 적이 없는 사람도 이를 통해 A의 모습을 어느 정도 예상할 수 있다. A가 다니는 유도 교실 친구들의 키, 몸무게, 나이를 안다고 해도, 각각의 값이 모두 다르다면 유도 교실 전체의 모습을 상상하기는 어렵다. 유도 교실의 인원수나 각 데이터의 평균, 분산 등 전체의 모습을 예상할 수 있는 값을 구하는 것이 통계의 역할이다. 근처 유도 교실과 비교하는 등 여러 집단을 비교할 때는 공분산, 상관계수 등이 사용된다.

수의 집합의 과학

최근 자주 들리는 말 중 하나인 데이터 사이언스는 '계산의 기초가 되는 수의 집합(데이터)의 과학(사이언스)'으로, 즉 거의 통계와 같다. 시험의 평균이나 편찻값도 통계이며, 이런 값들에 일희일비하는 일은 예전부터 있었다. 주가나 환율, 저녁 반찬의 가짓수에도 사람들은 우왕좌왕하곤 한다. 데이터 사이언스는 이러한 감정과 그에 따른 행동이나 계획의 변경도 데이터를 통해 예측하고 결정하는 것을 목표로 한다. 통계와 방대한 계산을 할 수 있는 컴퓨터의 결합이 인공지능이다. 이러한 점에서 통계와 인공지능이 점점 더 일상적으로 친숙해지는 것도 자연스러운 일이다.

link 평균/p.136, 행렬/p.184, 확률/p.247, 분산/p.252, 공분산/p.253, 회귀분석/p.254, 표본조사/p.255

분산

分散 variance

수가 퍼져 있는 정도를 나타내는 값. 예를 들어, A의 1년간 영어 시험 점수는 55, 60, 70, 50, 65이고, 국어 시험 점수는 90, 50, 50, 80, 30이다. 두 과목의 평균 점수는 모두 60이지만, 영어는 평균에 가까운 점수가 많은 반면, 국어는 평균과 차이가 큰 점수가 많다. '각 점수와 평균의 차이'로 각각의 편차를 나타내고, 이를 제곱하여 평균한 값이 분산이다. 영어 점수로 계산하면 아래와 같다.

$$\frac{(55-60)^2+(60-60)^2+(70-60)^2+(50-60)^2+(65-60)^2}{5}=50$$

같은 방법으로 계산하면, 국어의 분산은 480이 되며, 편차가 큰 국어의 분산이 더 큰 값을 가진다. 투자에 비유하자면, 분산이 작을수록 실속파, 분산이 클수록 승부사 같은 성향이다. 분산의 양의 제곱근을 표준편차라고 하며, 전체 안에서의 위치를 알 수 있는 편찻값은 이 표준편차와 평균에 의해 결정된다.

link 평균/p.136, 통계/p.250, 공분산/p.253, 회귀분석/p.254

공분산

共分散 covariance

2종류의 데이터의 관계를 나타내는 값. A는 국어와 수학 성적이 모두 좋고, B는 두 과목 다 평균 정도이며, C는 두 과목 다 좋지 않은 편이다. 이 경우, '국어 성적이 좋으면 수학 성적도 좋다'고 할 수 있으며, 국어와 수학의 공분산은 양의 값이 된다. 한편, 영어 성적을 보면 A는 그다지 좋지 않고, B는 평균, C는 좋은 성적을 얻었다. 즉, '국어 성적이 좋으면 영어 성적은 좋지 않다'고 할 수 있으며, 국어와 영어의 공분산은 음의 값이 된다. 공분산을 1에서 −1 사이의 값으로 변환한 것을 상관계수라고 한다. 이 세 명의 예에서는 국어와 수학의 상관계수는 1에 가까운 값, 국어와 영어는 −1에 가까운 값이 된다.

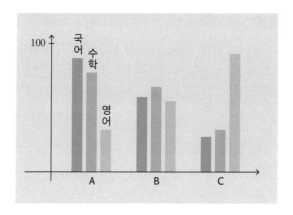

⊂◯⊃ link 평균/p.136, 통계/p.250, 분산/p.252

회귀분석

회귀分析 regression analysis

2종류의 데이터 사이의 경향을 직선으로 나타내는 것. 일반적으로 '키가 크면 몸무게도 많이 나간다'고 할 수 있으므로, 키를 가로축, 몸무게를 세로축으로 하여 한 명 한 명의 데이터를 좌표평면 위의 점으로 표시하면 점들이 오른쪽 위로 퍼져 나가는 것을 볼 수 있다. 이러한 점의 퍼짐을 대표하는 직선을 구하는 것이 회귀분석이다. 오차를 포함한 데이터가 이론값으로 돌아간다는 의미에서 '회귀'라는 이름이 붙었다. 또 다른 예로, 영구치는 성장하면서 나고, 나이가 들면서 빠지기 때문에 나이와 영구치 데이터는 중심에 데이터가 몰려 있고 중심에서 멀어질수록 데이터가 점점 줄어드는 산 모양을 이룬다. 이 경우 그래프는 직선이 아닌 포물선을 그리는 이차함수로 표현하는 것이 더 적절하다. 이처럼 직선이 아닌 복잡한 곡선으로 나타내는 것을 다항식 회귀라고 한다.

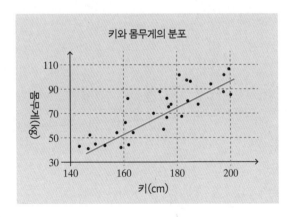

link 직선/p.38, 평균/p.136, 이차함수/p.152, 포물선/p.156, 통계/p.250, 분산/p.252

표본조사

標本調査 sampling survey

여러 데이터에서 일부를 추출해 조사함으로써 데이터 전체의 특성을 파악하는 통계 방법. 반면, 전체 데이터를 조사하는 방법은 '전수조사'라고 한다. 선거는 모든 투표를 집계하는 전수조사이지만, 방송사가 투표소 출구에서 투표를 마친 유권자에게 질문하여 결과를 예측하는 것은 표본조사에 해당한다. 조사 대상 전체를 '모집단', 추출한 집단을 '표본'이라고 한다. 특정 연령대만 조사하면 정확한 예측이 어렵다. 모집단을 비슷한 특성을 지닌 여러 그룹으로 나누고 각 그룹에서 표본을 추출하는 방법을 층화 추출법이라고 한다. 어쨌든 표본은 모집단의 특성을 잘 보여 주는 지도, 축소판이어야 한다.

맛보기는 표본조사

한 농부가 자신이 재배한 포도를 인터넷을 통해 알리고자 한다. 포도 한 알의 크기, 한 송이의 알갱이 수 등 있는 그대로를 알리고 싶지만, 전체를 조사하기 위해 포도를 일일이 만지다 보면 상처가 나거나 시간이 오래 걸려 신선도가 떨어질 수 있다. 이럴 때는 대표할 만한 포도를 골라 조사하는 것이 중요하다. 가장 중요한 것은 맛이다. 맛은 먹어 봐야 알 수 있지만, 다 먹어 버리면 팔 물건이 없어진다. 와인도 마찬가지이다. 와인은 마개를 따면 판매할 수 없다. 포도와 와인 모두 전수조사는 불가능하다. 맛보기가 곧 표본조사인 셈이다.

🔗link 평균/p.136, 통계/p.250, 회귀분석/p.254

구골
googol

10^{100}. 1 뒤에 0이 100개 붙은 101자리의 수. 한 사람의 세포는 6×10^{13}개, 이와 비교해도 엄청나게 큰 수이다. 관측 가능한 우주의 원자 수는 10^{80}개로 추정되며, 이 기준으로는 10^{20}개의 우주를 모아야 1구골에 도달한다. 구골의 영어 철자는 googol이다. IT 서비스 기업 Google은 원래 회사 이름을 googol로 지으려 했지만, 알파벳을 잘못 기재해 지금의 이름을 사용하게 되었다고 한다. 오늘날 스마트폰이나 PC로 검색하는 것을 '구글링'이라고 부르는데, 어쩌면 '구골링'이 되었을지도 모른다.

link n제곱/p.70, 무한/p.77, 로그/p.172

초실수

超實數 hyperreal number

무한을 다루기 위한 수의 표현 방법 중 하나. 무한대 ∞를 수로 보고 $\frac{1}{\infty}$ =0으로 생각하면 문제가 생긴다. ∞ 대신 아주 큰 수 10^{100}으로 생각해도 $\frac{1}{10^{100}}$은 매우 작지만, 0이 아니기 때문이다. 0이 아닌 무한소(無限小)를 dx로 표현하는 방법도 있지만, 어느 쪽이든 무한을 다루기에는 어려움이 있다. 현대 수학에서는 ∞나 dx를 수로 취급하지 않기로 했지만, 그 대가로 편리함을 잃었다. 실수의 성질을 유지하면서 무한을 간단히 다루려는 것이 초실수이다. 초실수에서는 수열 자체가 수에 해당한다. 예를 들어, 수열 (1, 0, 1, 0, …)을 초실수의 1, 수열 (0, 1, 0, 1, …)을 초실수의 0으로 하여 수의 세계를 재구성한다.

🔗 link 수열/p.32, n제곱/p.70, 무한/p.77, 실수/p.142, 가무한·실무한/p.312

최대·최소

최大·最小 maximum·minimum

수의 집합에서 가장 큰 수와 가장 작은 수. 한 반 학생들의 키처럼 각각의 값을 모두 알 수 있는 경우, 작은 값부터 순서대로 나열하여 구할 수 있다. '양의 짝수'의 최솟값은 2이며, 얼마든지 큰 수가 있을 수 있어 최 댓값은 없다. 이는 일종의 '천장이 없는' 상태를 의미한다. 반면에, '10 미만의 실수'는 10을 넘지 않는다. 말하자면, '천장이 있는' 상태라고 할 수 있지만, 최댓값은 없다. 그 이유는 $9 < 9.9 < 9.99 < 9.999 < \cdots$ 처럼 최댓값을 정할 수 없기 때문이다. 이처럼 최대와 최소는 집합의 '끝'이 다. 집합에는 끝이 없는 경우도 있으며, 그 이유 또한 다양하다.

극대·극소

極大·極小

극대와 극소는 '그 근처에서 가장 크거나 작다'는 것을 의미한다. 사차 함수의 그래프는 2개의 봉우리가 있는 산 모양이 될 수 있다. 두 봉우리 사이의 골짜기가 극소에 해당한다. 일반적으로 극소가 반드시 최소가 되는 것은 아니다. 예를 들어, 두 봉우리를 가진 사차함수에서는 골짜기보다 양쪽 끝부분이 더 낮을 수 있기 때문이다. 두 봉우리의 꼭대기는 모두 극대이며, 그중 하나는 최대가 된다. 여러 개의 봉우리를 연속해서 오르는 종주 산행에서는 극대와 극소를 반복해서 지나가게 된다. 가장 높은 봉우리의 꼭대기가 최대, 등산로의 입구가 최소이다. 극대와 극소는 작은 목표이자 통과 지점이 된다.

🔗 link 무한/p.77, 실수/p.142, 함수/p.148, 집합/p.210, 수렴·발산/p.236

부동점 정리

不動點定理 fixed-point theorem

어떤 수에 함수(또는 변환 등)를 적용했을 때 동일한 수가 나오는 경우, 그 수를 해당 함수의 부동점이라고 한다. 예를 들어, '2로 나누고 5를 더하기'라는 함수는 2를 넣으면 6이 나오지만, 10을 넣으면 10이 나오므로 이 10이 '2로 나누고 5를 더하기'라는 함수의 부동점이 된다. 교실에서 자리를 바꿀 때도 자리가 변하지 않는 학생이 있을 수 있다. 제비뽑기로 자리를 바꾼다면 같은 자리에 앉을 확률은 $\dfrac{1}{\text{반 인원수}}$이다. 성실한 학생이 교실 중앙의 맨 앞자리에 계속해서 앉기를 원할 수도 있을 것이다. 어느 쪽이든 자리가 변하지 않는 학생이 그 자리 바꾸기의 부동점이 된다.

빠져나올 수 없는 '종점'

함수 '2로 나누고 5를 더하기'를 $f(x)$로 표현하면 $f(x) = \dfrac{1}{2}x + 5$가 된다. a를 부동점이라 하면, 부동점의 정의에 따라 $f(a) = a$가 된다. 이 예에서는 $\dfrac{1}{2}a + 5 = a$라는 일차방정식을 풀어 부동점 $a = 10$을 구할 수 있다. 이 $f(x)$에 2를 대입하면 $f(2) = 6$이며, 6을 다시 대입하면 $f(6) = 8$, 8을 대입하면 $f(8) = 9$가 된다. 이렇게 얻은 값을 차례로 대입하면 부동점인 10에 가까워진다. 그리고 부동점 10에 도달하면 $f(10) = 10$이 되며, 10을 다시 대입해도 $f(10) = 10$이 되어 더 이상 10에서 벗어날 수 없게 된다. 부동점은 일종의 '종점'이다.

link 방정식/p.94, 대수학/p.101, 함수/p.148

카오스 이론
chaos theory

무작위적이고 예측 불가능한 현상을 다루는 이론. 그러나 카오스 이론은 주사위를 굴려 나오는 숫자처럼 완전한 무작위가 아니라, 어떤 결과가 다음 결과에 영향을 미치지만 전체적으로는 무작위처럼 보이는 현상을 다룬다. 도미노처럼 연쇄적으로 영향이 미친다는 의미에서 '확정적'이지만, 무작위적이어서 '예측 불가능한', 즉 '확정적이지만 예측 불가능한' 현상을 대상으로 한다. 초기 조건의 미세한 차이가 이후 큰 영향을 미치는 초깃값 민감성이 이 이론의 특징 중 하나이다. 기상학자 로렌즈는 이를 "브라질에 있는 한 나비의 날갯짓이 텍사스에 토네이도를 일으킬 수 있다"라고 비유했다.

확정과 예측

'확정적이지만 예측 불가능하다'는 것에는 긍정적인 면이 있다. 예를 들어, 축구 경기를 90분 동안 관전할 때, 결과를 알고 있는 것과 모르는 것 중 어느 쪽이 더 손에 땀을 쥐게 할까? 콘서트장에서 녹음된 음원이 아닌 라이브 연주를 즐기는 이유는 무엇일까? 미래가 '확정되어 있다·확정되어 있지 않다'×'예측 가능하다·예측 불가능하다'의 조합은 2×2로 4가지 패턴이 있다. '확정되어 있지 않고, 예측도 불가능한', 말하자면 주사위를 계속 굴리는 듯한 삶에는 큰 불안이 따른다. 카오스 이론이 안심할 수 있는 미래를 가져다준다고 하면 과장일 테지만, 카오스 이론은 충실하면서도 비교적 안전한 삶을 찾고 있는 것처럼 보인다.

∞ link   확률/p.247, 프랙털/p.272, 라이프 게임/p.299, 난수/p.300, 엔트로피/p.302

262

게임 이론
game theory

협상 등 상대와의 관계에서 판단과 행동을 결정하는 이론. 공범 혐의가 있는 죄수 두 사람이 각각 '묵비권'과 '자백' 중 어느 쪽을 선택할지 고민하는 상황을 생각해 보자. 두 사람이 모두 묵비권을 행사하면 둘다 자백했을 때보다 형량이 가벼워지지만, 상대가 자백하고 자신이 묵비권을 행사할 경우 형량이 무거워진다. 조사는 따로 진행되기 때문에 상대방의 선택은 알 수 없다. 상대의 선택에 따라 각자의 최선의 선택이 달라지는 이 상황은 '죄수의 딜레마'라고 불리는, 게임 이론의 대표적인 예이다. 게임 이론에는 두 사람이 모두 이기적인 선택을 하는 '내시 균형', 상대를 배려하는 '파레토 최적' 등의 해결 방법이 있다.

(기본적으로) 신뢰하며 살아가기

죄수의 딜레마는 인간이 어떻게 살아가야 하는지에 대해 많은 시사점을 준다. 단 한 번의 선택으로 끝나는 죄수의 딜레마는 '모 아니면 도' 식의 도박과 같아서 정답이 없다. 하지만 죄수의 딜레마가 여러 번 반복될 때는 '항상 상대를 신뢰하고 침묵한다'거나 '항상 상대를 배신하고 자백한다'는 전략보다 '기본적으로 신뢰하지만, 상대가 배신하면 즉각 배신으로 보복한다. 그러나 앙심은 품지 않는다'는 이른바 '팃포탯(tit for tat)' 전략이 더 효과적이라는 사실이 밝혀졌다. '항상 신뢰'나 '항상 배신'보다 '기본적으로 신뢰'하는 편이 더 낫다는 결과는 수학의 성과 중에서도 특히 주목할 만한 이야기이다.

수의 역사 **존 내시**

20~21세기 미국의 수학자, '내시 균형' 등의 업적으로 1994년 노벨 경제학상을 수상했다. 내시의 생애는 론 하워드 감독의 영화 〈뷰티풀 마인드〉로 제작되기도 했다.

link 행렬/p.184

위상 수학

位相數學 topology

어떤 도형을 늘리거나 줄이거나 구부리는 등 자유롭게 모양을 변형해도 원래의 도형과 '같다'고 보는 기하학. 위상 기하학이라고도 한다. 유클리드 기하학에서 정사각형과 직사각형은 '다른' 도형으로 보지만, 정사각형을 가로로 늘리면 직사각형이 되므로 위상 수학에서는 '같은' 도형으로 취급한다. 더 나아가 정사각형과 모든 다각형, 혹은 원처럼 곡선으로 둘러싸인 도형도 '같은' 도형으로 본다. 자르거나 붙이는 것은 허용되지 않기 때문에 원과 도넛처럼 구멍이 있는 도형은 서로 다른 도형이다. 유클리드 기하학이 두꺼운 종이 위에서 생각하는 기하학이라면, 위상 수학은 늘어났다 줄었다 하는 얇은 고무판 위에서 생각하는 기하학이다.

연결의 기하학

위상 수학은 섬과 반도를 구별한다. 바다로 둘러싸인 섬은 배가 없으면 건너갈 수 없다. 육지와 연결된 반도는 걸어서 갈 수 있다. 썰물 때만 걸어서 건널 수 있는 작은 섬은 밀물과 썰물에 따라 서로 다른 2개의 위상 수학적 도형을 만들어 낸다. 한자 숫자 '一'과 알파벳 'c'는 둘 다 섬이 1개이다. 따라서 위상 수학에서는 '一'과 'c'는 같은 도형이다. 섬이 2개인 한자 숫자 '二'와 알파벳 'i'도 같은 도형으로 볼 수 있다.

ᗏ link 기하학/p.102, 유클리드 기하학/p.104, 매듭 이론/p.304, 푸앵카레 추측/p.329

뫼비우스의 띠

Möbius band

긴 띠 모양의 종이를 한 번 꼬아 양 끝을 이어 붙여 만든 도형. 띠 앞면의 어느 한 지점에서 시작하여 연필로 계속 선을 그어 보면 어느새 뒷면에 도달하고, 다시 앞면의 시작점으로 돌아오게 된다. 앞면이라고 생각했더니 뒷면이고, 뒷면이라고 생각했더니 앞면이 되는 구조로 앞뒤의 구분이 없다고 표현된다. 종이띠의 앞면과 뒷면은 2차원 평면이지만, 종이띠를 한 번 꼬아 만든 뫼비우스의 띠는 3차원 공간에 있는 도형이다. 2차원에서 3차원으로 차원을 넘어야만 앞면에서 뒷면으로 갈 수 있다는 뜻일까? 클라인의 병은 병의 안이 밖이 되고, 밖이 안이 되는 구조로 뫼비우스의 띠와 비슷한 도형이다. 클라인의 병으로는 커피를 마실 수 없다.

뫼비우스의 띠 가운데를 가위로 자르면?

종이띠를 꼬지 않고 양 끝을 이어 붙이면 휠체어의 두 바퀴처럼 서로 만나지 않는 2개의 가장자리가 생긴다. 뫼비우스의 띠에서는 어떻게 될까? 이 꼬임이 머리를 혼란스럽게 하여 쉽지 않은 문제지만, 가능하다면 실제로 가장자리를 손가락으로 따라가 보길 권한다. 답은 이렇다. 2개의 가장자리가 어느새 하나로 이어져 있다. 그렇다면 띠의 가운데를 따라 가위로 자르면 어떻게 될까? 일반적인 띠라면 2개의 원으로 나뉘게 될 것을 쉽게 상상할 수 있다. 그러면 뫼비우스의 띠는? 그 의외의 결과는 머리로도 손끝으로도 이해하기 어렵다. 종이와 가위로도 불가사의를 만들어 낼 수 있다.

⟨ 수의 역사 ⟩ **클라인의 병**

19세기에 활약한 수학자 펠릭스 클라인이 고안한 개념. 클라인이 23세의 나이로
제안한 '에를랑겐 프로그램'은 이후 기하학의 지침이 되었다.

🔗 link 평면/p.40, 공간/p.41, 기하학/p.102, 차원/p.228, 위상 수학/p.266

4색 문제

四色問題 four color problem

평면 위의 지도를 색칠할 때, 서로 다른 지역을 구분하여 칠하는 데 필요한 색의 수는 4가지로 충분한지를 따지는 문제. 이 문제가 제기된 지약 150년 만인 1976년에 '4색으로 충분하다'는 사실이 증명되었다. 이증명은 일반적인 증명과는 달리 컴퓨터를 활용한 것이었다. 따라서 발표 당시에는 증명 자체의 정확성은 물론이고 애초에 수학적 증명이란 무엇인가 등에 대한 논쟁을 불러일으켰다. 룩셈부르크와 이를 둘러싸고 있는 벨기에, 독일, 프랑스 3개국을 색칠하는 데 4가지 색이 필요한 것이 한 예이다. 지도는 복잡하거나 가상의 것이라도 상관없다. 미래에 화성에 마을이 생겨 지도를 만들 때도 로켓에 실을 가방에는 4색 볼펜하나만 있으면 충분하다.

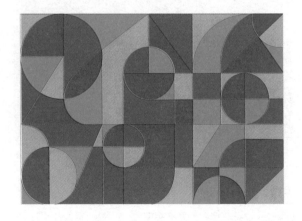

∞ link   증명/p.116, 컴퓨터/p.293, 네트워크 이론/p.318

슈뢰딩거 방정식

Schröedinger equation

양자역학의 기초가 되는 방정식. 양자역학이 등장하기 전까지는 오늘날 고전역학이라고 불리는 물리학은 사물의 질량, 위치, 속도 등에 따라 사물의 운동을 설명하는 운동 방정식을 기초로 했다. 그러다 20세기 초반, 원자나 전자 같은 미시 세계에서는 고전역학과는 다른 현상이 나타난다는 사실이 밝혀졌다. 예를 들어, 원자 내의 전자는 때로는 공처럼 움직이고, 때로는 파동처럼 행동하기도 하며, 이 두 성질을 동시에 지니고 있다. 이와 같은 '입자와 파동의 이중성'이라는 성질을 수식으로 표현한 것이 바로 슈뢰딩거 방정식이다. 슈뢰딩거 방정식에는 파동을 표현할 수 있는 복소수나 삼각함수가 당연히 포함된다.

변화의 변화를 나타내는 연산자

사물은 위치, 속도, 에너지를 가진다. 이것들을 수로 다루는 것이 고전역학의 방정식이다. 반면, 원자나 전자 등 미시 세계에서는 사물의 위치나 에너지와 같은 양이 '연산자'로 대체된다. 이 연산자를 다루는 것이 슈뢰딩거 방정식이다. 수의 변화를 나타내는 것이 함수이고, 함수의 변화를 나타내는 것이 연산자이다. 즉, 연산자란 '수의 변화의 변화'를 나타낸다. 예를 들어, '몸무게 50kg'이라는 수와 '1년 동안 50kg 늘었다'라는 수의 변화는 다른 것이다. 또한, "1년 동안 50kg 늘었다'에서 '이사한 뒤 50kg 늘었다"라는 수의 변화의 변화도 서로 다른 것이다.

ᴄᴏ link 방정식/p.94, 배중률/p.118, 삼각함수/p.126, 함수/p.148, 복소수/p.188

프랙털

부분이 전체와 닮은 도형. 자기 닮음 도형이라고도 한다. 정삼각형의 세 변의 중점을 연결하면 원래 정삼각형과 닮으면서 한 변은 절반이고 180° 회전한 정삼각형이 만들어진다. 이 정삼각형에 색을 칠하면 그 정삼각형을 둘러싸고 있는 3개의 작은 정삼각형이 나타난다. 이 3개의 정삼각형에서 다시 같은 과정을 반복하면 이번에는 9개의 정삼각형이 나타나게 된다. 이러한 과정을 무한히 반복한 것이 프랙털의 한 예인 '개스킷(gasket)'이다. 이 외에도 프랙털이라는 용어를 만든 브누아 망델브로의 이름을 딴 망델브로 집합, 눈 결정처럼 생긴 코흐 곡선 등이 유명하다. 항공 촬영한 리아스식 해안 등 자연에서도 쉽게 찾아볼 수 있다.

프랙털의 차원

도넛 모양의 도형 위를 움직이는 점이 가운데 구멍에 들어갈 수 없는 것처럼, 개스킷 위를 움직이는 점도 크고 작은 정삼각형의 구멍에 들어갈 수 없다. 개스킷 위에서의 움직임은 2차원 평면 위에서의 움직임보다는 제한적이고, 1차원 직선 위에서의 움직임보다는 자유롭다고 할 수 있다. 차원이 자유롭게 움직일 수 있는 방향의 수, 즉 '자유도'라는 점을 고려하면, 개스킷의 차원은 1보다 크고 2보다 작아야 한다. 실제로 개스킷의 차원은 약 1.585이다. 크고 작은 정육면체로 구성된 프랙털 '멩거 스펀지(Menger sponge)'의 차원은 약 2.727로, 이는 평면과 입체의 중간 정도의 도형이다.

수의 역사 **브누아 망델브로**

수학자이자 경제학자. 1977년 논문에서 프랙털이라는 용어를 제안했고, 1982년 저서 『프랙털 기하학』을 펴내 수학자와 과학자뿐만 아니라 일반 대중에게도 큰 영향을 미쳤다. 폴란드에서 태어나 프랑스와 미국을 오가며 활동했다.

∞link   직선/p.38, 평면/p.40, 공간/p.41, 합동·닮음/p.110, 차원/p.228, 카오스 이론/p.262

힐베르트 공간
Hilbert space

각도와 거리, 실수를 갖는 공간. 2차원 평면이나 3차원 공간은 힐베르트 공간이지만, 일반적으로 이보다 더 추상화된 공간을 가리킨다. 각도와 거리 모두 내적(內積)이라는 '벡터의 곱셈'으로 만들 수 있으므로 각도와 거리 대신 내적만 있으면 된다. 평면에서 정수로 표현되는 점들만으로는 점과 점 사이에 빈틈이 생겨 모든 점을 표현할 수 없다. '실수를 가진다'라는 말은 이러한 '빈틈이 없다'는 것을 의미한다. 점의 밀도, 길이나 방향 등을 어떻게 다루느냐에 따라 다양한 공간을 생각할 수 있지만, 지나치게 추상화해도 의미가 없다. 힐베르트 공간은 이런 추상화된 공간 중에서 가장 활용성이 높은 공간으로 꼽힌다.

힐베르트 공간에서 놀기

반 친구들과 운동장에서 놀고 있다. 먼저 달리기 시합을 한다. 누가 더 빠른지 정하려면 같은 '거리'를 달려야 공평하다. 이어서 술래잡기를 한다. 술래인 나는 발이 조금 느린 친구를 목표로 삼았다. 그 친구는 미끄럼틀에서 30°오른쪽 방향에 있다. 도망칠 것이므로 '각도'를 조금씩 수정한다. 물론 놀고 있는 동안에는 이런 것을 생각하지 않지만, 거리와 각도가 없으면 제대로 놀 수도 없다. 그렇다면 '실수'는? 실수가 없다면 운동장에는 셀 수 없이 많은 구멍이 뚫려 있어, 달리기 시합은커녕 한 걸음도 뗄 수 없을 것이다.

🔗link 평면/p.40, 공간/p.41, 각/p.54, 실수/p.142, 벡터/p.182, 리만 기하학/p.226, 차원/p.228, 벡터 공간/p.277

선형 대수학

線形代數學 linear algebra

대수학의 한 분야. 선형이란 '합이나 차, 실수 배는 자유롭게 해도 된다'는 것을 의미한다. 예를 들어, 직선 $y=2x$ 위의 두 점 $(3, 6)$과 $(4, 8)$의 좌표의 합 $(7, 14)$와 차 $(-1, -2)$, 그리고 $(3, 6)$을 5배 한 $(15, 30)$, 이 세 점은 모두 직선 $y=2x$ 위에 있다. 원점을 지나는 직선은 이러한 성질을 만족하기 때문에 선형이라고 한다. 선형 대수학에서는 벡터와 그와 관련된 행렬의 계산을 집중적으로 다룬다. 이공계 학부생의 필수 과목이자 현대의 추상적인 대수학으로 들어가는 입구가 된다고 볼 수 있다. 트리밍(잘라 내기)부터 색상 변경까지 선형 대수학은 사진 및 이미지 편집에 필수적이다.

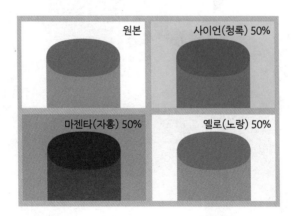

벡터 공간

vector space

벡터의 합과 차, 실수 배로 이루어진 공간이나 구조. 선형 공간이라고
도 한다. 줄다리기에서 당기는 힘의 방향과 크기는 벡터로 표현할 수
있다. 두 사람이 당기는 힘을 더한 것은 벡터의 합, 두 사람이 정반대
방향으로 당기는 것은 둘 중 하나가 음의 벡터가 되어 벡터의 차가 된
다. 한 사람이 같은 방향으로 힘을 더하거나 빼는 것은 벡터의 실수 배
가 된다. 이러한 벡터의 연산에 의해 이루어진 벡터들의 집합이 벡터
공간이다. 한 직선 위에 있지 않은 2개의 벡터가 있으면 2차원 평면과
같은 벡터 공간을 만들 수 있다. 3차원 벡터 공간을 만들기 위해서는
최소 3개의 벡터가 필요하다.

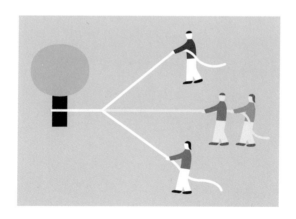

추상 대수학

抽象代數學 abstract algebra

'덧셈만', '나눗셈을 제외한 모든 것'과 같은 연산 체계를 문자와 규칙으로 표현하는 분야의 총칭. 대표적으로 군, 환, 체 등이 있다. 이는 연산의 분류와 추상화에서 시작되었다. 예를 들어, '정수의 덧셈'은 군, '반지름 1인 원주 위의 점의 회전운동'도 군이 되기 때문에, 회전운동을 '정수의 덧셈'처럼 다룰 수 있게 되었다. 20세기 초부터 발전한 추상 대수학은 수뿐만이 아니라 다양한 대상들의 유사점과 차이점을 규명함으로써 대수학은 '수를 대신하는 것'에서 '수조차도 아닌 무언가를 대신하는 것'으로 변화했다. 현대 수학에서는 없어서는 안 될 언어와 같은 존재이다.

⊂⊃link 사칙연산/p.22, 대수학/p.101, 군/p.286, 환·체/p.287, 범주론/p.321

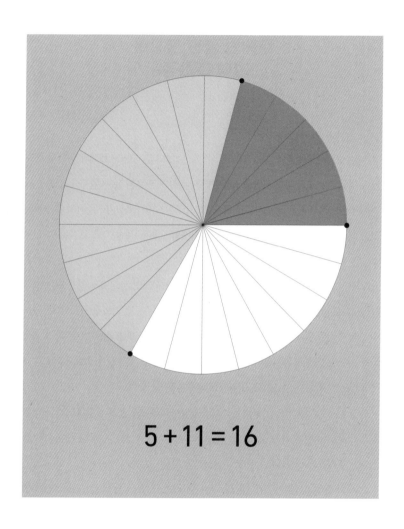

$$5 + 11 = 16$$

칼럼 Ⅳ

수학의 성립 시기와
검색 결과 수

　수학에 관한 기록은 인류의 역사가 시작될 때부터 존재했다. 세계에서 가장 오래된 문명인 메소포타미아 문명의 점토판에는 수학과 관련된 표와 문제가 적혀 있다. 기원전 인도에서 사용된 숫자의 기록도 있다. 아주 오랜 옛날부터 수학이 존재했던 것이 아니라, 오히려 문명을 발전시켜 온 지혜를 오늘날 '수학'이라고 부르고 있는 것 같은 느낌이 든다.

　오래된 기술이나 지혜가 제 역할을 다해 어느 시기부터 사용되지 않게 되는 경우가 있다. 오늘날 전보를 주요 통신 수단으로 사용하는 곳은 거의 없을 것이다. 문서 작성에 특화된 워드프로세서 전용기도 이제는 완전히 사라졌다. 스마트폰이나 컴퓨터도 앞으로 어떻게 될지 알 수 없다. 기술과 지혜의 변화는 어쩔 수 없는 일이다.

　하지만 수학에서는 사정이 조금 다르다. 기원전 약 3세기에 유클리드의 『원론』에서도 평행선은 다루어졌고, 피타고라스의 정리는 피라미드 건설에 활용되었다. 어떤 정리가 오래되어 더 이상 쓸모가 없어진다거나, 21세기에 최신 삼각형 같은 것이 등장하거나 하는 일도 없다.

　21세기에 들어서면서 검색 엔진이라는 것이 보급되었다. 쉽게 말해, 인터넷을 쓸 때 흔히 첫 화면으로 사용하는 구글 같은 것이다. 100년 후에는 어떻게 변할지 몰라도, 우리는 궁금한 것이 있을 때 구글링을 한다. 여기서 오랜 시간에 걸쳐 하나하나 쌓아 온 수학과 손가락만 움직여 얻을 수 있는 수학의 관계를 생각해 보자. 그것이 282쪽의 그래프이다. 가로축은 성립 시기, 세로축은 'OO 수학'으로 검색했을 때 나오는 검색 결과 수이다. 예를 들어, '원(圓) 수학'은 약 63,000,000건, '방정식 수학'은 약 13,600,000건, '선형 대수학 수학'은 약 193,000건이 나온다. 이 3가지 예에서 짐작할 수 있듯이, 검색 결과 수는 현대의 우리에게 이러한 수학적 개념이 얼마나 필요하고, 친숙한지를 보여 준다.

그래프의 각 점은 책에서 소개하는 개념의 대략적인 성립 시기와 검색 결과 수를 나타낸다. 전보나 워드프로세서 전용기 같은 기술과 마찬가지로 수학에서도 오래된 것이 새로운 것으로 대체되어 사라진다면, 점들은 왼쪽 아래에서 오른쪽 위로 일직선으로 퍼져 나가야 한다. 하지만 실제로는 점들이 그래프 전체에 고르게 분포되어 있다. 이는 수학이 '성립 시기와 일상적 사용은 관계가 없다'는 사실을 보여 준다. 오래된 것이든 새로운 것이든 쓸 것은 쓰고, 쓰지 않는 것은 쓰지 않는다. 오래된 것만 중시하면 발전이 없고, 새로운 것에만 관심을 두면 일관성을 잃게 된다. 수학은 베테랑과 신인이 함께 활약하는 축제다.

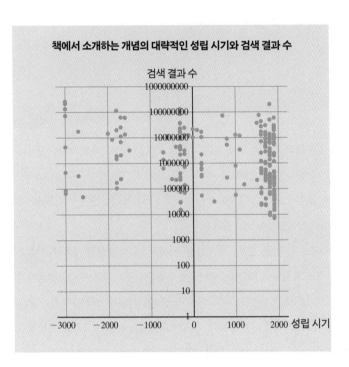

책에서 소개하는 개념의 대략적인 성립 시기와 검색 결과 수

※ Britannica, Timeline of Mathematics−Mathigon 등의 사이트 참고

∫

PART 05

VI × 현대 √

군
群 group

추상 대수학의 하나. 어떤 집합과 연산에 대해 '결합법칙이 성립한다', '항등원과 역원이 존재한다'가 군의 조건이다. 직관적으로는 '분수의 곱셈'이라고 생각하면 된다. 예를 들어, $(\frac{2}{1} \times \frac{3}{2}) \times \frac{4}{3} = \frac{2}{1} \times (\frac{3}{2} \times \frac{4}{3})$ 와 같이 곱하는 순서는 상관이 없고(결합법칙), '곱해도 결과가 변하지 않는 수(항등원)' 1이 있으며, $\frac{5}{4}$에 대한 $\frac{4}{5}$와 같이 '곱하여 1이 되는 수(역원)'가 존재하기 때문에 분수의 곱셈은 군이라고 할 수 있다. 반면, 6에 대해 곱하여 1이 되는 정수는 없으므로, 정수의 곱셈은 군이 아니다. 군은 '곱셈의 추상화'이며, 연산 외의 작업이라도 그것이 군이라면 곱셈처럼 다룰 수 있다.

◀수의 역사 에바리스트 갈루아

유명한 군 중 하나인 '갈루아 군'에 이름을 남긴 19세기 프랑스의 수학자. 결투에서 총상을 입고 20세의 나이로 세상을 떠났다. 갈루아가 정리한 '갈루아 이론'은 그의 사후에 매우 높은 평가를 받았다.

🔗link   1/p.16, 단위/p.33, 분수/p.138, 결합법칙/p.219, 추상 대수학/p.278, 환·체/p.287

환·체

環·體 ring·field

추상 대수학의 2가지 체계. 군이 '곱셈의 추상화'라면, 환은 '덧셈, 뺄셈, 곱셈의 추상화'이며, 체는 여기에 나눗셈을 더한 '사칙연산의 추상화'라고 할 수 있다. 예를 들어, $5-2=5+(-2)$와 같이 덧셈과 뺄셈은 음수, $8 \div 5 = 8 \times \frac{1}{5}$과 같이 곱셈과 나눗셈은 역수를 사용하여 각각 덧셈과 곱셈, 이 2개의 연산으로 나타낼 수 있다. 따라서 군은 1개, 환과 체는 2개의 연산을 가진다고 할 수 있다. n행 n열 행렬의 연산은 환이지만, 체는 아니다. 이는 행렬에서는 덧셈, 뺄셈, 곱셈은 가능하지만, 나눗셈은 불가능한 경우가 있기 때문이다. 군, 환, 체는 다양한 수학적 대상을 통합적으로 생각할 수 있게 해 준다.

🔗 link 사칙연산/p.22, 행렬/p.184, 추상 대수학/p.278, 군/p.286

순열

順列 permutation

n개에서 r개를 선택해 순서대로 나열하는 방법의 수. 예를 들어, 5종류의 초콜릿 중 2개를 골라서 먹는 경우를 생각해 보자. 처음에 하나를 고를 때는 5가지 방법, 그다음에는 초콜릿이 하나 줄어 4가지 방법이 있으므로 $5 \times 4 = 20$가지가 된다. 3개를 골라서 먹는 경우에는 $5 \times 4 \times 3 = 60$가지가 된다. 이처럼 순열을 구할 때는 n에서 1씩 빼 가며 곱하는 방식으로 계산을 한다. n개에서 n개를 모두 골라 나열하는 순열은 $n \times (n-1) \times (n-2) \times \cdots \times 3 \times 2 \times 1$로, 이는 n의 계승인 $n!$과 같다.

🔗 link 계승/p.87, 감마함수/p.244, 조합/p.289

조합

組合 combination

n개에서 순서를 고려하지 않고 r개를 선택하는 방법의 수. 순서를 고려하지 않는다는 것은, 예를 들어 5종류의 초콜릿 중 2종류를 고를 때 '밀크→화이트'와 '화이트→밀크'의 차이를 고려하지 않고 한 가지 선택으로 본다는 뜻이다. 따라서 순서를 고려하는 방법, 즉 순열의 20가지 방법을 2로 나눈 10가지 방법이 된다. 순서를 고려하느냐 여부가 순열과 조합의 차이이며, 순서대로 하나씩 고르는 것이 순열, 동시에 한꺼번에 고르는 것이 조합이라고 생각할 수 있다. 조합을 구할 때는 순열과 마찬가지로 계승을 활용한다. 앞의 예에서 조합은 $\dfrac{5!}{2! \times 3!}$의 계산으로 구할 수 있다.

어묵 꼬치 먹는 방법

일본 만화 『오소마츠군』의 등장인물인 치비타가 들고 있는 어묵 꼬치는 위에서부터 △→○→□의 순서로 그려져 있다. 일반적으로 어묵은 꼬치의 위에서부터 순서대로 먹게 된다. 하지만 꼬치에서 빼내 원하는 순서대로 먹는 방법은 3×2×1로 6가지가 있다. 반면, 순서와 상관없이 먹는다면 그 방법은 '먹는다'는 한 가지밖에 없다. 전자는 순열, 후자는 조합에 해당하며, 순서를 고려하지 않으므로 조합의 가짓수가 더 적다. 참고로, 저자 아카쓰카 후지오의 말로는 △는 곤약, ○는 간모도키(으깬 두부에 잘게 썬 야채를 넣어 튀긴 음식), □는 나루토(소용돌이 무늬가 있는 어묵)라고 한다.

🔗 link 계승/p.87, 감마함수/p.244, 순열/p.288

레퓨닛 수

repunit

1, 11, 111과 같이 모든 자릿수가 1인 자연수. 단위 1이 반복된다고 해서 '반복된'을 의미하는 repeated와 '단위'를 의미하는 unit을 합쳐 만든 말이다. $1 = \dfrac{10^1 - 1}{9}$, $11 = \dfrac{10^2 - 1}{9}$, $111 = \dfrac{10^3 - 1}{9}$, $1111 = \dfrac{10^4 - 1}{9}$ 과 같이 모두 비슷한 식으로 표현할 수 있다. 100자리의 레퓨닛 수는 $111 \cdots 1 = \dfrac{10^{100} - 1}{9}$ 이며, 양변에 9를 곱하면 $999 \cdots 9 = 10^{100} - 1$이다. 다시 양변을 10^{100}으로 나누면 $\dfrac{999 \cdots 9}{10^{100}} = 1 - \dfrac{1}{10^{100}}$ 이 된다. 여기서 좌변은 $0.999 \cdots 9$이고, 우변의 아주 작은 값인 $\dfrac{1}{10^{100}}$ 을 무시하면 $0.999 \cdots 9 \approx 1$ 이라는 식이 나타난다. 이런 식으로 레퓨닛 수의 자릿수를 무한히 늘리면 최종적으로 $0.999 \cdots = 1$이 된다.

1이 만드는 세상

$11^2 = 121$, $111111^2 = 12345654321$과 같이 9자리까지의 레퓨닛 수의 제곱은 $1234 \cdots 4321$의 형태가 된다. 그 이유를 111^2으로 생각해 보자. $111^2 = 111 \times 111$이므로, 이를 계산해 보면 3단으로 배열된다. 이를 세로로 더하면 양 끝에서 순서대로 1, 2, 3이 되어 12321이 된다. 9자리까지는 모두 이와 같지만 10자리를 넘어가면 자리 올림이 발생하여 이 성질은 성립하지 않는다. 또한, 11의 제곱에서 4제곱까지의 수는 파스칼의 삼각형에서도 나타난다. 단위 1의 반복은 여러 곳에서 모습을 드러낸다.

🔗 **link** 1/p.16, 자연수/p.19, 단위/p.33, 파스칼의 삼각형/p.91, 등식/p.92

```
        1 1 1 1 1 1
   ×  1 1 1 1 1 1
   ─────────────────
        1 1 1 1 1 1
      1 1 1 1 1 1
    1 1 1 1 1 1
  1 1 1 1 1 1
 1 1 1 1 1 1
1 1 1 1 1 1
─────────────────────
1 2 3 4 5 6 5 4 3 2 1
```

계산기

계산을 하기 위한 기계. 파스칼이 고안한 '파스칼린(Pascaline)'은 오래된 기계식 계산기 중 하나이다. 이것은 톱니바퀴와 다이얼을 이용해 덧셈, 뺄셈은 물론 $9+1=10$과 같이 자리 올림이 가능했다. 그러나 $99+1=100$과 같이 연속적으로 자리 올림이 발생하는 계산은 잘되지 않았다고 한다. 기계식 계산기가 나오기 전에는 작은 돌이나 주판 등의 도구를 이용해 계산했으며, 이러한 도구들도 넓은 의미에서 계산기라고 할 수 있다. 19세기에 접어들어 손으로 핸들을 돌려 작동시키던 방식에서 증기 기관으로 동력을 얻는 방식으로 전환되었다. 작은 돌이나 톱니바퀴 같은 도구가 전자 회로로, 동력이 전력으로 대체된 것이 오늘날의 컴퓨터이다.

🔗 link 십진법/p.34, 주판/p.74, 컴퓨터/p.293

컴퓨터
computer

전자 회로를 사용하여 계산하는 기계. 이전의 기계식 계산기에 비해 압도적으로 빠른 계산 속도를 자랑한다. 20세기 중반에 발명된 최초의 컴퓨터는 한 대가 방 하나를 차지할 정도로 거대했다. 이후, 밀리미터 단위 크기의 트랜지스터와 트랜지스터를 집적한 IC 등을 이용해 소형화와 고속화를 동시에 이루어 냈다. 전자 회로로 'A AND(그리고) B'와 같은 논리 회로를 만들고, 이 논리 회로는 이진법에 기반한 논리 연산을 수행한다. 현재는 양자의 움직임을 원리로 하는 양자 컴퓨터가 기존보다 월등하게 뛰어난 계산 능력을 발휘할 것으로 기대된다. 한편, 당구공이나 점균의 움직임을 이용한 저속 컴퓨터도 연구되고 있다.

link 이진법/p.35, 계산기/p.292, 알고리즘/p.294, 진릿값/p.295, NAND/p.296

알고리즘
algorithm

계산이나 작업을 하기 위한 순서. 예를 들어, 반올림 알고리즘은 '4 이하는 버리고, 5 이상은 올린다'이다. 누구나 같은 결과를 얻을 수 있도록 '4 정도'나 '아마 5 이상' 등과 같은 애매한 표현은 사용하지 않는다. '순서를 지킨다', '조건에 따라 그 이후의 처리가 나누어진다(분기한다)', '반복한다'는 것이 알고리즘의 기본 요소이다. 알고리즘을 그림으로 표현한 것을 플로 차트라고 한다. 알고리즘을 만들 수 있다는 것은 그 계산이나 작업을 제대로 이해하고 있다는 뜻이다. 컴퓨터 프로그래밍에서 흔히 쓰이는 용어지만, 정해진 순서를 따르는 요리 레시피 등도 알고리즘이라고 할 수 있다.

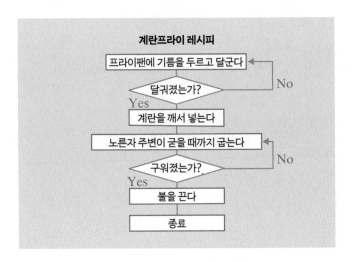

계란프라이 레시피

프라이팬에 기름을 두르고 달군다
달궈졌는가? — No
Yes
계란을 깨서 넣는다
노른자 주변이 굳을 때까지 굽는다
구워졌는가? — No
Yes
불을 끈다
종료

🔗 link 반올림/p.86, 함수/p.148, 컴퓨터/p.293

진릿값

眞理값 truth value

어떤 명제가 참인지 거짓인지를 나타내는 값. 참은 T, 거짓은 F로 나타내며, 각각 영어 Truth와 False에서 유래했다. 예를 들어, '4의 배수는 2의 배수이다'의 진릿값은 T이며, '2의 배수는 4의 배수이다'는 F이다. 'P AND(그리고) Q'는 P, Q가 모두 T일 때만 T이고, 그 외에는 F이다. T를 ON(켜짐), F를 OFF(꺼짐)로 본다면, 진릿값은 마치 스위치를 켜고 끄는 것과 같다. 계단의 위와 아래 어느 쪽에서나 불을 켜고 끌 수 있는 조명은 올라가기 전에 켜고, 올라간 후에 끌 수 있어 편리하다. 이 구조는 계단 위와 아래에 있는 두 스위치의 배타적 논리합 'XOR'로 표현할 수 있으며, 이는 참과 거짓이 서로 다를 때만 참이 된다. 이것은 'OR(또는)'의 변형으로, 그 차이는 표와 같다. 진릿값이 있으면 어둠도 두렵지 않다.

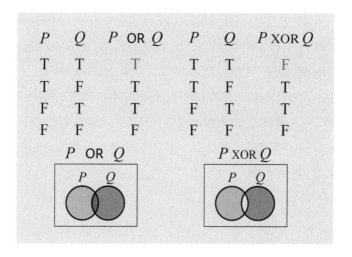

P	Q	P OR Q	P	Q	P XOR Q
T	T	T	T	T	F
T	F	T	T	F	T
F	T	T	F	T	T
F	F	F	F	F	F

🔗 link 2/p.17, 이진법/p.35, 컴퓨터/p.293, NAND/p.296, 퍼지 논리/p.298

NAND

'AND(그리고)'나 'OR(또는)'과 마찬가지로, 명제를 논리적으로 연결하는 연산자 중 하나. Not AND의 약자로, 'AND(그리고)'의 부정이다. 예를 들어, "라면을 먹는다' NAND '우동을 먹는다"는 '('라면을 먹는다' 그리고 '우동을 먹는다')가 아니다'를 뜻한다. '라면과 우동을 둘 다 먹지는 않는다', 즉 '라면만 먹거나, 우동만 먹거나, 둘 다 먹지 않는다'가 된다. 진릿값을 이용하면 'T NAND T'는 F이고, 'T NAND F', 'F NAND T', 'F NAND F'는 모두 T이다. 라면과 우동을 예로 들면 이해하기 쉽지만, 먹으면서 생각하면 음식이 목이 걸릴 수 있다.

NAND가 있으면 무엇이든 할 수 있다

"고양이를 좋아한다' NAND '고양이를 좋아한다"는 '('고양이를 좋아한다' 그리고 '고양이를 좋아한다')가 아니다'이다. 여기서 불필요한 반복을 정리하면 "고양이를 좋아한다'가 아니다'가 된다. 즉 P NAND P는 'P가 아니다'가 되어 P의 부정이 된다. 또한, (P NAND P) NAND (Q NAND Q)는 'P 또는 Q'와 같다. 이처럼 NAND 하나로 논리의 기본인 'AND(그리고)', 'OR(또는)', 'IF(~이면)', 'NOT(아니다)' 4가지 역할을 수행할 수 있다. 이 만능의 NAND는 컴퓨터 회로에서 사용되며, NAND 회로라는 이름으로 신문에도 종종 등장한다. 논리계에서 가장 성공한 존재이다.

🔗 link　컴퓨터/p.293, 알고리즘/p.294, 진릿값/p.295

퍼지 논리
fuzzy logic

'대체로 맞다'와 같은 애매한 표현을 허용하는 논리 체계. 일반적인 논리의 진릿값은 'T(참)' 또는 'F(거짓)' 2가지 중 하나이지만, 퍼지 논리에서는 각각의 주장에 대해 0에서 1까지의 실수를 할당하고 그 값으로 진릿값을 나타낸다. 일반적인 논리는 1 또는 0, 2개의 진릿값만 있는 극단적인 경우라고 할 수 있으며, '이치(二値) 논리'라고 불리기도 한다. 그 외에 참, 반쯤 참, 거짓이라는 3개의 진릿값이 있는 '삼치(三値) 논리'도 있으며, 이 기준에 따르면 퍼지 논리는 '다치(多値) 논리'라고 할 수 있다. 영어 단어 퍼지(fuzzy)는 '애매한'이라는 뜻이다.

퍼지 집합

집합의 각 원소에 소속도의 개념을 추가한 집합. 소속도란 집합의 각 원소가 그 집합에 속하는 정도를 의미하며, 0에서 1까지의 실수로 표현된다. 퍼지 논리의 기본 개념으로, 각 소속도 값은 원소가 그 집합에 '얼마나 제대로 속해 있는지'를 나타낸다. 원소가 집합에 완전히 속할 때는 소속도가 1, 전혀 속하지 않을 때는 0이 된다. 예를 들어, '젊다'는 것은 사람마다 느끼는 정도가 다르기 때문에 애매한 표현이다. 따라서 '젊은 사람의 집합'에서 10살인 A, 20살인 B, 50살인 C의 소속도를 순서대로 1, 0.8, 0.2와 같이 정해 애매함을 수로 표현한다. 이러한 소속도를 나타내는 함수를 소속 함수라고 한다.

---

link 이진법/p.35, 소수/p.140, 실수/p.142, 집합/p.210, 진릿값/p.295

라이프 게임

Game of Life

바둑판 모양의 격자 위에 일정한 규칙에 따라 변화하는 도형이나 모양의 패턴. 그 변화 과정이 생명체의 세포들의 생성과 소멸 과정과 유사해 생명의 탄생과 진화를 시뮬레이션 하는 모델로 사용된다. 각 칸은 삶과 죽음을 상징하는 2가지 색으로 구분된다. 색이 변하는 규칙은 총 4가지로, 각각 탄생, 생존, 과소로 인한 소멸, 과밀로 인한 소멸로 해석할 수 있다. 예상치 못한 기하학적인 패턴이 등장해 보는 재미가 있다. 세로 세 칸과 가로 세 칸이 교대를 반복하는 '깜빡이(blinker)', 총알을 쏘는 '글라이더 건(glider gun)', 행성 폭발을 연상시키는 '펄서(pulsar)' 등 다양한 패턴이 있다. 1970년 존 콘웨이가 고안했다.

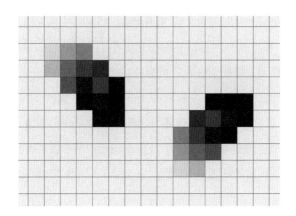

🔗 link   이진법/p.35, 카오스 이론/p.262, 컴퓨터/p.293, 알고리즘/p.294

난수

亂數 random number

어떤 법칙 없이 무작위로 나타나는 수. 예를 들어, 주사위를 아무렇게 나 굴려 나온 숫자는 1부터 6까지의 난수가 된다. 정이십면체의 각 면에 0부터 9까지의 숫자를 2개씩 적으면 한 자리 정수의 난수를 얻을 수 있다. 동전 던지기에서 앞면을 0, 뒷면을 1로 정하면 0과 1의 난수가 된다. 주사위나 동전에 의해 만들어진 난수는 여러 번 반복할수록 각 숫자가 나타나는 횟수가 비슷해진다. 주사위를 계속 굴리면 각각의 숫자가 나올 확률은 각각 $\frac{1}{6}$에 가까워진다. 반면, 주사위를 굴린 횟수가 적으면 특정 숫자가 더 많이 나올 수 있으므로, 많은 난수가 필요할 때는 그에 맞게 충분한 횟수만큼 주사위를 굴리는 것이 중요하다.

'법칙이 없다'란?

난수를 만드는 일은 생각보다 쉽지 않다. 머릿속에 떠오르는 숫자를 무작위로 적어 보자. 이 숫자 배열에 법칙이나 경향이 없다고 단언할 수 있을까? 컴퓨터를 이용해도 마찬가지이다. 오히려 원리상 애매함을 허용하지 않는 컴퓨터가 인간보다 난수를 만드는 일은 더 잘 못한다. 컴퓨터가 등장하여 널리 보급되기 전에는 난수표라는 표를 사용했다. 컴퓨터에서는 수열이나 모듈러 연산으로 만든 '유사 난수'를 이용한다. 어떻게 해야 '법칙이 없다'고 말할 수 있을까? 이를 고민하는 것 또한 수학이다.

◀ 수의 역사 ▶ **메르센 트위스터**

유사 난수 생성 방법 중 하나. 메르센 소수 $2^{19937}-1$을 이용하여 난수를 만든다. 고 품질의 '무작위' 숫자를 빠르게 생성할 수 있어 많은 프로그래밍 언어에서 사용되 고 있다.

🔗 link 수열/p.32, 메르센 수/p.198, 모듈러 연산/p.201, 확률/p.247, 카오스 이론/p.262, 컴퓨터/p.293

엔트로피

entropy

정보나 상태의 무질서한 정도를 나타내는 지표. 정보의 무질서한 정도
(무질서도)는 확률로 생각하면 된다. 주사위를 한 번 굴렸을 때, '5 이
하가 나온다'는 예상은 '짝수가 나온다'는 예상보다 확실하기 때문에
무질서도가 낮다고 볼 수 있다. 따라서 '5 이하가 나온다'는 '짝수가 나
온다'보다 엔트로피가 낮다고 표현할 수 있다. 한편, 상태의 무질서도
는 방의 모습을 떠올리면 이해하기 쉽다. 깔끔하게 정돈된 방은 엔트
로피가 낮고, 어질러진 방은 엔트로피가 높다. 방을 정돈하지 않으면
날이 갈수록 더 어질러지는데, 이를 '엔트로피 증가의 법칙'이라고 한
다. 자연은 엔트로피 증가의 법칙을 따른다고 알려져 있다. 정리 정돈
은 이 자연법칙에 대한 도전이다.

⊂⊃ link 확률/p.247, 카오스 이론/p.262, 난수/p.300

종이접기의 수학

mathematics of origami

종이접기를 연구하는 기하학. 2차원 평면인 종이를 접어 다양한 도형을 만들 수 있다. 종이접기는 단순한 평면 기하학처럼 보일 수 있지만, 컴퍼스와 자로는 작도가 불가능한 각의 삼등분이 가능하다는 것 등 독자적인 세계를 이루며 '종이접기 공리'로 정리되어 있다. 펼치고 접기가 간편하고 튼튼하다는 특성 덕분에 인공위성의 태양전지판에 사용되는 '미우라 접기'나 곤충의 날개 접기 원리 등 공학이나 자연과학에서 응용, 연구되고 있다. 영어 명칭 중 하나인 'origami(종이접기를 뜻하는 일본어 발음을 그대로 옮긴 것)', 산 접기(종이를 위로 접어 산 모양을 만드는 방법)와 골짜기 접기(종이를 아래로 접어 골짜기 모양을 만드는 방법)의 수에 관한 '마에카와의 정리' 등 예로부터 종이접기가 발달한 일본과 깊은 관련이 있는 분야이다.

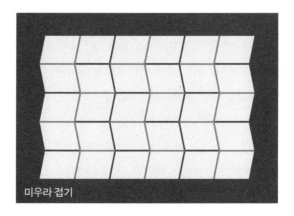

미우라 접기

🔗 **link** 평면/p.40, 공간/p.41, 기하학/p.102, 각의 이등분선/p.113

매듭 이론
knot theory

얽혀 있고 양 끝이 붙어 있는 끈의 매듭에 대해 연구하는 분야. 위상 수학의 한 갈래이다. 복잡하게 얽힌 끈을 두 곳에서 잡아 양쪽으로 잡아당기면 단단한 매듭이 만들어지거나, 쉽게 풀리기도 한다. 매듭 이론에서는 겉으로는 아무리 복잡해 보여도 결국 풀 수 있는 도형은 모두 '같은' 도형으로 본다. 실뜨기로 만드는 '빗자루'나 '사다리' 등은 모두 원 모양의 고리가 된다. '세 잎 매듭'은 원 모양의 고리가 되지 않는 가장 단순한 도형이다. 끈이 교차하는 지점에서 아래로 지나가는 끈이 위로 올라오도록, 즉 끈의 위아래의 위치를 바꾸면 매듭의 개수가 달라질 수 있다. 따라서 끈의 위아래 위치가 매듭 이론의 핵심이라 할 수 있다.

차원을 뛰어넘는 훈련

책상 위에 고무 밴드 2개를 일부 겹치도록 놓으면, 두 고무 밴드는 두 점에서 교차한다. 이 두 교차점에서는 같은 고무 밴드가 위에 있기 때문에 매듭이 생기지 않는다. 이제 머릿속으로 한 교차점에서 고무 밴드의 위아래 위치를 바꿔 보자. 그런 다음 두 고무 밴드를 양쪽에서 잡아당기면, 마치 사슬처럼 연결되어 있을 것이다. 매듭 이론에서 끈의 위아래를 명확히 구분하는 이유가 바로 여기에 있다. 책상 위에 놓인 고무 밴드는 2차원 도형처럼 보이지만, 끈의 위아래를 고려하면 3차원 도형이 된다. 매듭 이론은 차원을 뛰어넘는 훈련에 안성맞춤이다.

🔗 link 대수학/p.101, 기하학/p.102, 차원/p.228, 위상 수학/p.266

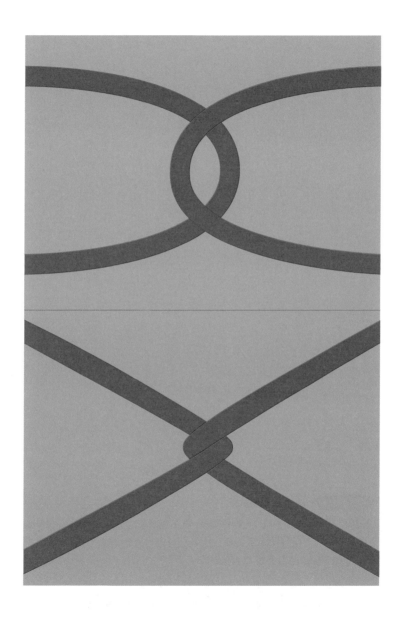

수학기초론

數學基礎論 foundations of mathematics

수학의 기초를 다지는 수학 분야. 수학 자체를 연구 대상으로 삼기 때문에 초수학 또는 메타수학이라고도 불린다. 명확한 정의가 없었던 '집합'을 엄밀하게 정의하는 공리적 집합론, 수학의 증명에 대해 검토하는 증명론, 수학의 규칙과 의미의 관계를 다루는 모델(모형) 이론, 함수를 재정의하는 귀납적 함수론, 크게 4가지로 구성된다. 수학기초론은 러셀의 역설 등에서 드러난 '수학의 위기'로부터 시작된 비교적 새로운 분야이다. 이 수학의 위기를 극복하기 위해 제안된 '힐베르트 프로그램'과, 이를 괴델이 좌절시킨 것은 20세기 전반 수학계의 중요한 사건으로 꼽힌다.

수의 역사 **다비트 힐베르트**

19~20세기 독일의 수학자. '만능 수학자' 중 한 명으로 불린다. 수학에 모순이 없음을 증명하려고 한 '힐베르트 프로그램'과 당시의 주요 미해결 문제를 선정해 제시한 '힐베르트의 23개 문제'로 유명하다.

link 증명/p.116, 함수/p.148, 집합/p.210, 괴델의 불완전성 정리/p.307, 역설/p.314

괴델의 불완전성 정리

Gödel's incompleteness theorems

수학의 계산 체계가 '무모순이면 불완전하다'는 정리. 여기서 무모순이란 말 그대로 '모순이 없다', 불완전은 '참이라고도 거짓이라고도 결정할 수 없다'는 의미이다. 대부분의 연산 체계는 무모순이기 때문에 일반적인 수학에서도 참과 거짓을 명확하게 구분할 수 없음을 보였다. 20세기 전반에 괴델이 증명한 이 정리는 '참이면 거짓, 거짓이면 참이다'라는 식으로 참과 거짓이 계속 뒤바뀌는 점이 핵심이다. 철학, 문학, 미술계에도 많은 영향을 주었으며, 더글러스 호프스태터의 저서 『괴델, 에셔, 바흐』는 전 세계에서 큰 반향을 일으켰다.

수의 역사 ▶ 쿠르트 괴델

20세기 오스트리아-헝가리 제국 출신의 수학자이자 논리학자. 미국으로 이주해 시민권을 취득하기 위한 시험을 준비하던 중 '미국 헌법의 모순을 발견했다'고 친구에게 말했다고 한다. 그러나 시민권 심사에 문제가 생길까 염려한 친구는 그에게 이 내용을 다른 사람에게 말하지 말라고 당부했다는 일화가 남아 있다.

🔗 link 증명/p.116, 대각선 논법/p.308, 역설/p.314, 자기 언급의 역설/p.316

대각선 논법

對角線論法 diagonal argument

실수와 자연수의 개수는 모두 무한하지만, 실수가 자연수보다 개수가 더 많다는 것을 증명하는 방법. 19세기 말 칸토어가 제시했다. '실수의 개수와 자연수의 개수가 같다고 가정하면…'으로 시작하여 '…이것은 모순이다'로 끝나는 배리법을 사용한다. 실수를 소수로 표현하면 소수점 아래 자릿수가 오른쪽으로 무한히 이어지고, 자연수를 아래쪽으로 나열해도 무한히 이어진다. 이렇게 해서 오른쪽과 아래쪽으로 무한히 펼쳐지는 수의 평면이 만들어지며, 이 평면에서 왼쪽 위에서 오른쪽 아래로 향하는 대각선 위의 수를 고려하기 때문에 이와 같은 이름이 붙었다. 에피메니데스의 역설이나 괴델의 불완전성 정리의 증명과 본질적으로 동일한 구조이다. 실수와 자연수 사이에 또 다른 무한이 존재하는지를 생각하는 것이 연속체 가설이다.

🔗 link 자연수/p.19, 무한/p.77, 증명/p.116, 배리법/p.121, 실수/p.142, 연속체 가설/p.215, 괴델의 불완전성 정리/p.307

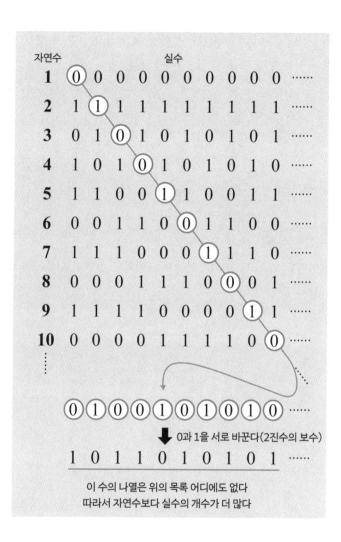

힐베르트의 호텔
Hilbert's Hotel

20세기 전반 힐베르트가 고안한 무한에 관한 사고 실험. 한 층당 하나의 방이 있는 무한 층 호텔에는 무수히 많은 방이 있다. 이 호텔의 모든 방이 손님으로 꽉 찬 상태에서 새로운 손님이 온다면 받을 수 있을까? 답은 '가능하다'이다. 해결 방법은 간단하다. 1층 방의 손님을 2층 방으로, 2층 방의 손님을 3층 방으로 옮기는 식으로 모든 손님을 한 층씩 위로 이동시키면 1층 방이 비게 된다. 만약 동시에 n명의 손님이 찾아온다면 기존의 손님을 모두 n층씩 위로 이동시켜 빈방을 마련할 수 있다. 이처럼 손님으로 꽉 차 빈방이 없는 상태인데도 손님을 계속 받을 수 있는 이유는 방의 개수가 무한하기 때문이다. 문제도 답도 간단해 보이지만, 무한의 신비나 연속체 가설과도 관련된 단순하지 않은 개념이다.

link 무한/p.77, 연속체 가설/p.215, 괴델의 불완전성 정리/p.307, 역설/p.314, 바나흐-타르스키의 정리/p.317

가무한·실무한

假無限·實無限 potential infinity · actual infinity

무한에 관한 2가지 관점. 무한히 많은 학생이 있는 학급에서 학생을 한 명, 두 명, … 하는 식으로 끊임없이 계속 셀 수 있는 상태로 보는 관점을 '가무한'이라고 한다. 반면, 학생을 일일이 세는 것이 아니라 학급 전체 학생 수를 하나의 집합(대상)으로 보는 관점을 '실무한'이라고 한다. 칸토어에 따르면 가무한은 '변화하는 유한량'이며, 이는 문자 x에 차례로 큰 수를 대입할 수 있는 것으로 생각하면 된다. 반면, 실무한은 π 등과 마찬가지로 상수로 간주한다. 실제로 무한의 하나인 자연수의 개수를 ω로 나타내기도 한다. 가무한과 실무한 중 어느 쪽을 지지하느냐를 두고 근현대 수학자들 사이에서도 의견이 갈린다.

🔗 link 자연수/p.19, 무한/p.77, 무한집합/p.213, 초실수/p.257, 선택 공리/p.313

선택 공리

選擇公理 axiom of choice

여러 집합에서 원소를 하나씩 선택해 새로운 집합을 만들 수 있다는 집합론의 공리. 예를 들어, 학교의 각 반에서 한 명씩 뽑아 '가장 발이 빠른 학생'의 집합을 만드는 상황을 생각하면 이해하기 쉽다. 이러한 집합을 만들 수 있다는 것은 당연해 보일 수 있지만, 반의 개수나 한 반의 인원수가 무한일 때, 특히 자연수의 개수보다 더 큰 무한일 때 이 공리의 사용과 의미를 두고 논쟁이 일었다. 쉽게 말해, '셀 수 없을 만큼 많은 반이 있을 때도 모든 반의 '가장 발이 빠른 학생'을 확인할 수 있는가?'라는 문제이다. 그동안 암묵적으로 사용되었던 선택 공리는 20세기 초에 규칙으로 명문화되었다.

🔗 link 자연수/p.19, 집합/p.210, 연속체 가설/p.215, 수학기초론/p.306

역설

逆說 paradox

참인 것처럼 보이지만 실제로는 거짓인 주장. 또는 그 반대. 영어로는 paradox(패러독스)이다. 대표적인 예로 제논의 역설 중 '아킬레스와 거북이의 경주'가 있다. 이 역설에서는 발이 빠른 아킬레스가 앞서 출발한 느린 거북이를 따라잡을 수 없다고 주장한다. 아킬레스가 거북이가 있던 지점에 도달하면 거북이는 그보다 조금 더 앞서가고 있고, 다시 아킬레스가 그 지점에 도달했을 때도 거북이는 또다시 조금 앞서가고 있기 때문이다. 그러나 실제로는 아킬레스가 거북이를 추월할 것이다. 또 다른 예로는 일주일 내에 어떤 시험이 언제 치러질지 예측할 수 없다는 '깜짝 시험의 역설' 등이 있다. '채소는 싫어하지만 오이는 좋아한다!'와 같은 단순한 모순과 역설은 다르다. 좋은 역설은 사고의 폭을 넓혀 준다.

🔗 link 전칭 명제/p.123, 힐베르트의 호텔/p.310, 에피메니데스의 역설/p.315, 자기 언급의 역설/p.316

에피메니데스의 역설
Epimenides paradox

'모든 크레타인은 거짓말쟁이이다'라고 말한 크레타인의 역설. 만약 이 말을 한 크레타인이 거짓말쟁이라면 이 주장은 거짓이 되어 크레타인은 정직한 사람이 된다. 그러면 이 말을 한 크레타인은 정직한 사람이 되어 결국 이 말은 참이 되고, 따라서 크레타인은 거짓말쟁이가 된다. 이처럼 거짓말쟁이→정직한 사람→거짓말쟁이→…의 반전이 끝없이 반복된다. '어떤 크레타인은'이라고 특정한 누군가를 가리키는 경우나, 거짓말쟁이를 '거짓말을 할 때가 있는 사람'이라고 하는 경우에는 역설이 되지 않는다. 엄밀한 수학에서는 '모든'이나 '어떤'과 같은 대상을 가리키는 표현이 필요하다. 에피메니데스의 역설은 이러한 엄밀함에서 비롯된 것이다.

⚭ link   괴델의 불완전성 정리/p.307, 역설/p.314, 자기 언급의 역설/p.316

자기 언급의 역설

self—referential paradox

문장이나 발언에서 자기 자신을 언급할 때 발생하는 역설. 예를 들어, '19문자 이내로 기술할 수 없는 최소의 자연수'는 19문자로 쓰여 있으므로, '19문자 이내로 기술할 수 있다'는 점에서 역설이 된다. 크레타인이 크레타인에 대해 말하는 '에피메니데스의 역설'이나 자기 자신을 원소로 포함하지 않는 모든 집합의 집합에 관한 '러셀의 역설'도 자기 언급의 역설이다. '19문자 이내로 기술할 수 **없다**'거나 '자신을 포함하지 **않는다**'와 같이 자기 언급이 역설이 되는 핵심은 '부정'에 있다. 프로그램 중간에 그 프로그램 자체를 호출하는 '재귀'나 20세기 화가 에셔(에스허르)의 눈속임 그림도 자기 언급적인 사례라고 볼 수 있다.

∞link 괴델의 불완전성 정리/p.307, 대각선 논법/p.308, 역설/p.314

바나흐-타르스키의 정리

Banach-Tarski theorem

속이 꽉 찬 구를 유한개의 조각으로 자른 뒤, 그 조각들을 회전과 이동만으로 재조합하면 원래 구와 동일한 크기(부피)를 갖는 구를 2개 만들 수 있다는 정리. '바나흐-타르스키의 역설'이라고도 불린다. 이 정리에 대한 증명의 핵심은 '한 점이 빠진 원을 분할한 뒤, 이를 다시 모아 빠진 점이 없는 원을 만든다'는 것이다. 이는 군론과 선택 공리를 이용하면 증명 가능하다. 이렇게 만들어진 구에 같은 과정을 반복하면 원하는 만큼 구의 개수를 늘릴 수 있다. 이는 '힐베르트의 호텔'에서 방의 개수를 무한히 늘릴 수 있는 원리와 유사하다. 다만, 이 정리는 순수하게 수학적으로만 가능한 것으로, 현실 세계에서는 물체를 이리저리 옮기거나 회전시켜도 부피가 늘어나는 일은 일어날 수 없다. 물체의 모양을 변형시키지 않고 움직이면 물체의 부피는 유지되기 때문이다. 따라서 공 모양의 초콜릿에 이 정리를 적용한다고 해도 초콜릿의 개수를 무한히 늘려 원하는 만큼 먹을 수 있게 되는 것은 아니다.

◀ 수의 역사 ▶

스테판 바나흐

20세기 폴란드의 수학자. 거리를 갖는 벡터 공간인 '바나흐 공간'으로도 잘 알려져 있다.

알프레트 타르스키

20세기 폴란드 출신의 수학자이자 논리학자. 수학기초론의 주요 주제 중 하나인 모델 이론의 창시자로 알려져 있다.

∞ link 군/p.286, 힐베르트의 호텔/p.310, 선택 공리/p.313, 역설/p.314

네트워크 이론
network theory

다양한 연결을 점과 선으로 표현하는 수학의 한 분야. 예를 들어, A는 B와 C 모두와 친구지만 B와 C는 친구가 아닌 경우, 점 A와 점 B, 그리고 점 A와 점 C를 선으로 연결하여 이 세 사람의 친구 관계를 나타낼 수 있다. 이번에는 A와 B는 서로 친구라고 생각하지만, C는 A를 친구로 생각하지 않는 경우를 생각해 보자. 이때 A와 B의 관계는 A에서 B, B에서 A로 향하는 화살표 2개로 나타내고, A와 C의 관계는 A에서 C로 향하는 화살표 1개로 나타낸다. 이와 같이 관계를 표현하는 그림을 '그래프'라고 하며, 특히 화살표의 방향을 고려하지 않는 경우를 무향 그래프, 방향을 고려하는 경우를 유향 그래프라고 한다.

반 분위기 시각화하기

학생 수가 30명인 두 반이 있다고 하자. 첫 번째 반은 30명 모두 서로 친구이다. 이 반은 삼십각형과 모든 꼭짓점 사이를 잇는 대각선으로 표현할 수 있다. 이때 변의 개수는 30개, 대각선은 405개로, 총 435개의 선이 그려진다. 한편, 두 번째 반은 30명이 3명씩 묶인 그룹 10개로 나뉘어 있으며, 각 그룹 내 친구끼리만 교류한다. 이 반의 그래프는 10개의 삼각형으로 표현되며, 선의 개수는 각 변을 모두 합한 $3 \times 10 = 30$개가 된다. 선을 '교류'라고 생각하면 435와 30의 차이는 반의 분위기를 나타낸다고 볼 수 있다. 그래프의 형태만 보더라도 반의 분위기를 알 수 있다. 사이가 좋은 반은 선의 개수가 많아 연결이 촘촘한 반면, 사이가 안 좋은 반은 선의 개수가 적어 연결이 드문드문하다.

🔗 link   그래프/p.179, 4색 문제/p.270, 에르되시 수/p.320

에르되시 수

Erdös number

20세기의 수학자 에르되시 팔과 얼마나 가까운지를 나타내는 수. 에르되시와 함께 논문을 쓴 A의 에르되시 수는 1이며, 에르되시와 함께 쓴 논문은 없지만 A와 공동 논문을 쓴 B의 에르되시 수는 2가 된다. 이와 같은 방식으로 에르되시 수가 n인 사람과 공동 논문을 작성한 사람의 에르되시 수는 $n+1$로 정의한다. 에르되시 수가 낮을수록 에르되시와 학문적으로 더 가까운 관계라는 것을 의미한다. 공동 저자의 관계는 인간관계의 일종이기 때문에 네트워크 이론의 한 예로 잘 알려져 있다. 이와 유사한 개념으로 미국 배우 케빈 베이컨을 중심으로 그와 같은 영화에 출연한 관계를 1단계로 하여 몇 단계를 거쳐 연결되는지를 나타내는 '베이컨 수'가 있다.

> **수의 역사** > **에르되시 팔**
>
> 정수론, 그래프 이론, 집합론 등 다양한 분야에서 뛰어난 업적을 남긴 천재 수학자. 20세기에 가장 많은 논문을 쓴 것으로 알려져 있다. 한곳에 머무르지 않고 여행을 하듯 여러 대학과 연구 기관을 오가며 연구를 이어 갔다.

범주론

範疇論 category theory

현대 추상 수학의 하나. 권론(圈論), 카테고리 이론이라고도 한다. 범주론에서 집합은 '대상', 집합 간의 관계는 '사상'이라고 하며, 이 대상과 사상이 이루는 범주를 통해 집합 전체를 생각하는 것이 '집합의 범주'이다. 예를 들어, 집합 {1, 2, 3, 6}을 구성하는 원소는 1이나 2 등의 수이지만, 집합의 범주의 구성 원소는 집합 {1, 2, 3, 6} 자체가 된다. 즉, 수를 모은 것이 집합, 집합을 모은 것이 '집합의 범주'이다. 집합뿐만 아니라 '군의 범주'나 '위상 수학의 범주'도 있다. 범주론은 19세기와 20세기 이후 각각 발전한 군론이나 위상 수학 등 추상적인 수학 분야 간의 비교와 횡단을 가능하게 한다.

🔗 **link** 집합/p.210, 위상 수학/p.266, 추상 대수학/p.278, 군/p.286, 환·체/p.287, 네트워크 이론/p.318

베이즈 추론
Bayesian inference

관찰 결과로부터 그 원인을 확률적으로 추론하는 방법. 예를 들어, 일반적인 주사위와 '1이 4개, 6이 2개'인 주사위 중 하나를 굴려 1이 나왔을 때, 이 주사위가 일반적인 주사위일 확률을 구한다고 해 보자. 1이 나올 확률은 일반적인 주사위 쪽이 더 낮다. 따라서 답은 두 주사위 중 하나를 고를 확률인 $\frac{1}{2}$ 보다 낮아 보이며, 베이즈 추론을 사용하면 그 확률이 $\frac{1}{5}$ 임을 알 수 있다. 일반적으로 먼저 원인이 있고 그에 따라 결과가 뒤따르지만, 베이즈 추론은 결과에서 원인으로 거슬러 올라가 추론하는 방법이다. 이 방법은 스팸 메일 자동 분류에도 사용되는데, 이는 '스팸 메일에는 의심스러운 링크가 포함되어 있다'는 규칙을 '의심스러운 링크가 있으면 스팸 메일이다'로 변환하는 역발상에 기초한다.

link 확률/p.247

블랙 – 숄즈 방정식
Black–Scholes equation

주식 등의 매매에 관한 방정식. 주가는 회사의 실적이나 사회적 변화에 따라 변동한다. 주가가 낮을 때 산 주식을 주가가 높아졌을 때 판다. 이것이 주식 거래로 수익을 내는 기본 원리이다. 하지만 미래를 완벽하게 예측하는 것은 불가능하므로 주식 매매에는 일종의 도박적인 요소가 따른다. 이와 달리, 블랙–숄즈 방정식을 사용하면 주가 변동의 확률과 거래 시점을 활용해 수익을 계산할 수 있다. 가위바위보에 비유하자면, 나중에 손을 낼 수 있는 권리인 '옵션'을 매매하는 경우, 승률과 상금에 따라 결정되는 옵션의 가격이 핵심이 된다. 이러한 옵션의 이론적 가격을 계산하는 식이 바로 블랙–숄즈 방정식이다. 1970년 대 블랙과 숄즈에 의해 고안되어 현재까지도 발전을 거듭하면서 금융공학의 기초가 되고 있다.

link 방정식/p.94, 미분 방정식/p.162, 게임 이론/p.264

여행자 문제

two-travelers' problem

수학의 문장형 문제 중 하나. 같은 선 위의 떨어져 있는 두 여행자가 '서로 마주 보는 방향으로 이동하여 만나기' 또는 '같은 방향으로 이동하여 앞지르기'까지 걸리는 시간이나 위치를 구하는 문제이다. 기본적으로 '속도×시간=거리'를 사용한다. 서로 마주 보는 방향으로 이동하는 경우에는 두 사람의 속도의 합으로 계산한다. 예를 들어, 각각 시속 4km와 시속 6km로 이동하여 만나는 것과 시속 10km와 시속 0km로 이동하여 만나는 것은 같은 시간이 걸린다고 생각하면 된다. 같은 방향으로 이동하여 앞지르는 경우에는 속도의 차로 계산한다. 참고로, 시속 0km는 멈춰 있는 것이므로 그를 '여행자'로 볼 수 있는지는 또 다른 문제이다.

link 사칙연산/p.22, 방정식/p.94

작업량 문제

work rate problem

수학의 문장형 문제 중 하나. 여러 사람이 각각 일정한 속도로 작업을 할 때 걸리는 시간 등을 구하는 문제이다. 예를 들어, 어떤 작업을 A는 2시간, B는 3시간에 끝낼 수 있을 때, 두 사람이 협력하면 몇 시간 만에 끝낼 수 있을지를 묻는 문제가 대표적이다. 이 문제를 푸는 방법은 다음과 같다. 작업량을 1로 놓으면, 1시간에 A는 전체 작업의 $\frac{1}{2}$, B는 전체 작업의 $\frac{1}{3}$을 끝낼 수 있다. 따라서 두 사람이 함께 작업하면 1시간에 전체 작업의 $\frac{1}{2}+\frac{1}{3}=\frac{5}{6}$만큼 진행하게 된다. 전체 작업량이 1이 므로, 걸리는 시간은 $1\div\frac{5}{6}=\frac{6}{5}$, 즉 1.2시간이다. 전체 작업량을 1로 놓는 것이 이 문제를 푸는 핵심이라 할 수 있다.

link   1/p.16, 방정식/p.94, 분수/p.138

몬티 홀 문제
Monty Hall problem

1990년 한 잡지사에 독자가 보낸 질문에서 시작되어 큰 논쟁을 일으킨 확률 문제. 문제의 내용은 다음과 같다. 3개의 문 중 하나를 선택하면 문 뒤에 있는 선물을 가질 수 있다. 한 문 뒤에는 자동차가 있고, 나머지 두 문 뒤에는 염소가 있다. 도전자가 어떤 문을 선택한 후 사회자는 그 문을 열지 않고 나머지 두 문 중 하나를 열어 염소가 있음을 보여 준다. 이후 사회자는 도전자에게 선택을 바꿀 기회를 준다. 이때 자동차를 받고 싶다면, 도전자가 자신의 선택을 바꾸는 것이 유리할까? 사회자가 염소가 있는 문을 연 단계에서 자동차가 나올 확률과 나오지 않을 확률은 둘 다 $\frac{1}{2}$이다. 따라서 선택을 바꾸든 바꾸지 않든 똑같아 보이지만, 이 문제의 정답은 '바꾸는 것이 유리하다'이다. 선택을 바꾸면 자동차를 받을 확률은 $\frac{1}{3}$에서 $\frac{2}{3}$로 2배가 된다.

link 확률/p.247

RSA 암호

소인수분해를 이용한 현대의 암호 방식. 인터넷 쇼핑 때 거치는 본인 확인 등 사회 전반에 널리 사용되고 있다. 큰 수끼리의 곱셈은 간단하지만, 큰 수의 소인수분해는 사실상 불가능할 정도로 시간이 오래 걸린다. 예를 들어, 약 600자릿수의 소인수분해는 현대의 슈퍼컴퓨터를 사용해도 1억 년 이상 걸린다. RSA 암호는 이 곱셈과 소인수분해의 차이를 이용해 비밀을 보호한다. 그런데 양자역학에 기반한 양자 컴퓨터는 큰 수의 소인수분해를 빠르게 처리할 수 있다고 한다. 암호의 강력한 라이벌의 등장이다.

RSA 암호의 원리

엄마가 '오늘 저녁은 *%&@×'라고 문자 메시지를 보내왔다. 이 '*%&@×'는 내가 엄마나 친구들에게 알려 준 '86909'를 이용해 엄마가 만든 암호이다. 86909의 소인수분해는 233×373으로, 내가 처음에 정한 두 소수이다. 이 두 소수로 '*%&@×'가 'REMEN'임을 알 수 있다. '*%&@×'를 친구들이 보더라도 걱정할 필요가 없다. 86909를 소인수분해하여 233과 373을 알아내는 것은 매우 어렵고, 따라서 친구들은 '*%&@×'가 'RAMEN'이라는 사실을 알 수 없기 때문이다. 모두에게 알려져 있는 '86909'를 공개 키라고 한다. 대략 이런 이미지를 떠올리면 RSA 암호를 이해하는 데 도움이 될 것이다.

link 소인수분해/p.79, 암호/p.202, 컴퓨터/p.293

327

페르마의 마지막 정리

Fermat's last theorem

자연수 n이 3 이상일 때, $x^n + y^n = z^n$을 만족하는 자연수 쌍 (x, y, z)는 존재하지 않는다는 정리. $n = 1$일 때는 $x + y = z$가 되며, 이를 만족하는 자연수 쌍은 무수히 많다. $n = 2$일 때는 $x^2 + y^2 = z^2$, 즉 피타고라스의 정리이며, $(3, 4, 5)$, $(5, 12, 13)$ 등의 자연수 쌍이 식을 만족한다. 그러나 n이 3 이상일 때는 이 식을 만족하는 자연수 쌍 (x, y, z)가 없다는 것을 17세기에 페르마가 추측했다. $n = 3$인 경우는 오일러, $n = 4$인 경우는 페르마 본인이 증명했지만, $n = 5$ 이상인 경우는 증명하기가 매우 어려웠다. 페르마의 추측이 제기된 지 약 360년이 지난 1995년에 앤드루 와일즈에 의해 마침내 증명되었다.

증명까지의 긴 여정

무려 360년 동안 풀리지 않은 문제였다. x, y, z, n 4개의 자연수를 어떻게 조합하든 성립하지 않음을 증명해야 하는 난제 중의 난제였다. 와일즈는 어린 시절부터 이 정리에 매료되었고, 성인이 되어 이를 증명하는 것을 인생의 목표로 삼아 주위에는 비밀로 한 채 연구를 지속했다. 대학 시절 이 문제에 집중하려 했지만, 지도 교수의 만류로 대신 타원 곡선을 연구했다. 결과적으로는 이 연구가 증명에 큰 도움이 되었다. 증명을 발표하기 직전 7년 동안 그는 페르마의 마지막 정리 증명에만 몰두했다. 수많은 수학자가 도전한 360년의 시간도 길지만, 한 사람이 홀로 묵묵히 연구를 이어간 7년 역시 충분히 긴 시간이다.

∞ link 자연수/p.19, 피타고라스의 정리/p.50, 피타고라스 수/p.52, 증명/p.116, 오일러의 정리/p.191, 수학자/p.208

푸앵카레 추측
Poincaré conjecture

4차원 기하학에 관한 추측. 도형을 늘리거나 줄이는 것이 허용되는 위상 수학에서는 머핀과 공은 같은 도형으로 간주하지만, 구멍이 뚫린 도넛은 공과 같은 도형으로 간주하지 않는다. 이처럼 구멍이 뚫려 있지 않은 모든 도형을 공과 같은 도형으로 간주한다는 것이 이 추측의 요점이다. 여기서 큰 문제는 '4차원 기하학'이다. 우리 눈에 보이는 머핀이나 공은 표면이 2차원이고, 3차원 공간에 있다. 푸앵카레 추측은 표면이 3차원이고, 4차원 공간에 있는 도형을 다룬다. 이 추측의 해결에는 당시 약 10억 원(100만 달러)의 상금이 걸려 있었는데, 증명에 성공한 페렐만은 상금을 받지 않았다.

수의 역사 **그리고리 페렐만**

1966년 러시아에서 태어난 수학자. 푸앵카레 추측을 증명한 업적으로 수상하게 된 필즈상뿐만 아니라 여러 상을 거절했다.

link 평면/p.40, 공간/p.41, 기하학/p.102, 증명/p.116, 차원/p.228, 위상 수학/p.266

콜라츠 추측
Collatz conjecture

어떤 양의 정수 n에 대해 '짝수라면 2로 나눈다', '홀수라면 3을 곱하고 1을 더한다' 중 하나를 반복할 때, 어떤 수로 시작하더라도 항상 1이 된다는 추측. 20세기 전반 콜라츠가 처음으로 제기했다. $3n+1$ 문제라고도 불린다. 예를 들어, $n=3$일 때, $3 \to 10 \to 5 \to 16 \to 8 \to 4 \to 2 \to 1$이 된다. $n=27$일 때는 1에 도달하기까지 111번의 연산이 필요하다. 이 추측은 $n=2^{68}$까지 성립함이 증명되었지만, 모든 양의 정수 n에 대해 성립하는지는 여전히 미해결 상태이다. 절차가 간단하여 누구나 쉽게 시도해 볼 수 있지만, 해결이 매우 어려워 페르마의 마지막 정리처럼 수학계에서 악명 높은 난제 중 하나로 여겨진다. 2021년, 일본의 한 기업이 당시 약 12억 원(1억 2000만 엔)의 상금을 걸기도 했다.

콜라츠 추측, 2의 n제곱을 향한 여정

콜라츠 추측의 규칙에 따르면, 수는 늘었다 줄었다를 반복한다. 2, 4, 8, 16 등과 같이 2의 n제곱인 수에 도달하면 이후로는 1을 향해 계속 줄어든다. 이는 이러한 수들이 2로 계속 나누어도 그 경로를 벗어나지 않기 때문이다. 이렇게 생각하면, 콜라츠 추측이란 수가 증감을 반복하면서 어떻게 2의 n제곱의 경로로 들어가는지에 관한 문제라고 볼 수 있다.

🔗link   1/p.16, 짝수·홀수/p.28, 수열/p.32, 증명/p.116, 페르마의 마지막 정리/p.328

리만 가설

Riemann hypothesis

제타함수 $\zeta(s) = 1 + \dfrac{1}{2^s} + \dfrac{1}{3^s} + \dfrac{1}{4^s} + \dfrac{1}{5^s} + \cdots$ 에 관한 추측. 상금이 걸려 있는 미해결 문제 중 하나이다. s에 -2, -4와 같은 음의 짝수를 대입하면 그 값은 0이 된다. 그 외에는 '$s = \dfrac{1}{2} + \bigcirc i$'일 때에만 0이 될 것이라고 19세기 중반에 리만은 추측했다. 이 추측이 옳다면, 가우스 평면에서 $\zeta(s) = 0$을 만족하는 모든 해는 실수부가 $\dfrac{1}{2}$인 직선 위에 위치한다. 또한, $\zeta(s) = \dfrac{1}{1 - 2^{-s}} \times \dfrac{1}{1 - 3^{-s}} \times \dfrac{1}{1 - 5^{-s}} \times \dfrac{1}{1 - 7^{-s}} \times \cdots$ 와 같이 소수를 포함하는 항들의 곱셈으로도 표현되기 때문에 리만 가설은 소수의 분포에 관한 연구로도 연결된다.

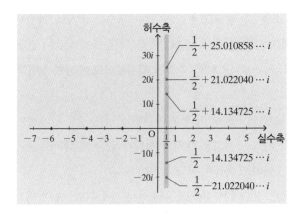

🔗 link   소수/p.78, 함수/p.148, 복소수/p.188, 가우스 평면/p.238, 복소함수/p.240

수학의 미래

유명한 미해결 문제 중 'ABC 추측'이라는 것이 있다. 이는 덧셈이나 곱셈, 소인수분해로 표현할 수 있는 정수론 문제로, 페르마의 마지막 정리와도 관련이 있다. 2023년 7월, 이 문제에 상금이 걸렸다. 상금의 후원자도, 2021년 ABC 추측을 해결했다고 주장한 논문의 저자도 일본인이다.

가끔 '수학 연구는 이미 충분히 이뤄져 남은 것은 난제뿐이다. 소수의 천재들 외에는 새로운 발견의 여지가 없다'는 탄식이 들리기도 하지만, 이는 아마도 사실이 아닐 것이다.

사람들은 정수에서 실수로, 실수에서 복소수로 '수'의 범위를 확장해 왔다. 저축이 양수라면 빚은 음수로 나타내거나, 한 변의 길이가 정수인 정사각형의 대각선 길이는 정수가 아닌 실수로 표현하는 것처럼, 실용적 필요에 의해 수는 확장되어 왔다. 하지만 이뿐만이 아니라 책상 앞에서 '이렇게 생각하면 어떻게 될까?'나 '한번 시도해 볼까?'와 같은 순수한 호기심에서 비롯된 발전도 있었을 것이다.

수학이란 '알아낸 것을 정리한 것'이다. 좀 더 구체적으로는 "'누군가'가 알아낸 '모든 것'을 정리한 것"이다. 그 내용이 방대해 전체를 한 눈에 파악하는 것은 불가능하지만, '정리된 노트'가 있다고 생각해도 틀리지 않다.

수학의 미래는 우리 손에 달려 있다. 모르는 것을 밝혀내거나, 새롭게 모르는 것을 만들어 내는 일은 동물이나 식물, 외계 생명체도 아닌 우리 중 누군가의 몫이다. '누군가 똑똑한 사람이 알아서 하겠지'라며 타인과 자신을 구분 지을 필요는 없다. 누구에게 재능이 있는지는 수학적으로도 명확하지 않으며, 그보다 더 중요한 것은 자신이 몰랐던 것을 알게 되는 기쁨은 천재든 아니든 누구에게나 똑같기 때문이다.

현실을 미분하면 미래를 예측할 수 있다고 하지만, 지금까지의 역사는 미래가 늘 평탄하지만은 않으리라는 것을 보여 준다. 예측 불가능한 미래를 생각하거나 만들어 가기 위해서는 역시 수학이 필요하다. 어깨에 힘을 빼고, 각자가 할 수 있는 한계까지 새로운 지식에 다가가 보자. 이러한 노력 속에서만 '수학의 미래'가 있다.

2024년 5월 30일
사와 고지

색인

숫자, 알파벳

참고문헌

『수학 역사 입문(History of Mathematics: An introduction)』, 빅터 J. 카츠(저),
애디슨-웨슬리, 1998.

『수학 사전(Dictionary of Mathematics)』, 맥그로힐 편집부(저), 맥그로힐 프로
페셔널, 2003.

『산수·수학 용어 사전(算数·数学用語事典)』, 무토 도루, 미우라 모토히로(편저),
도쿄도출판, 2010.

『해석 입문 I(解析入門 I)』, 스기우라 미쓰오(저), 도쿄대학출판부, 1980.

『선형 대수 개정증보판(線形代数 増訂版)』, 데라다 후미유키(저), 사이언스사,
1987.

『데이터 시각화와 그래픽 커뮤니케이션의 역사(A History of Data Visualization
and Graphic Communication)』, 마이클 프렌들리, 하워드 찰스 웨이너(저), 하버
드대학출판부, 2021.

『Newton 대도감 시리즈: 수학 대도감(Newton 大図鑑シリーズ 数学大図鑑)』, 뉴
턴프레스, 2020.

『지식 제로에서 시작하는 통계와 확률: 베이즈 통계 편(ゼロからわかる統計と確率 ベイズ統計編)』, 뉴턴프레스, 2020.

『도해 수학의 정리와 수식의 세계(図解 数学の定理と数式の世界)』, 야자와 사이언 스오피스(편저), 원퍼블리싱, 2022.

『천재들이 만들어 낸 수학의 세계: 현대 수학에 영향을 준 수학자들의 발자취(天 才たちのつくった数学の世界 現代数学に影響を与えた数学者たちの軌跡)』, 스콜라매 거진, 2015.

『숫자로 끝내는 수학 100(Math in 100 Numbers: A Numerical Guide to Facts, Formulas and Theories)』, 콜린 스튜어트(저), 오혜정(역), 지브레인, 2016.

『하루 10분 수학 습관(The Joy of Mathematics)』, 테오니 파파스(저), 김소연(역), 살림Friends, 2016.

『수학을 만든 사람들(Men of Mathematics)』, E. T. 벨(저), 안재구(역), 미래사, 2002.

『청소년을 위한 위대한 수학자들 이야기(すばらしい数学者たち)』, 야노 겐타로 (저), 손영수(역), 전파과학사, 2021.

Online Etymology Dictionary (2024.04.10 열람)
https://www.etymonline.com

Wolfram Alpha (2024.04.10 열람)
https://ja.wolframalpha.com

Britannica (2024.06.05 열람)

https://www.britannica.com/science/mathematics

Mathigon (2024.06.05 열람)
https://mathigon.org/timeline

암기 없이 그림으로
이해되는
수학 개념 사전

© 2025. 사와 고지

1판 1쇄 인쇄 2025년 2월 25일
1판 1쇄 발행 2025년 3월 15일

지은이 사와 고지
옮긴이 송경원

발행인 김태웅
책임편집 엄초롱
디자인 곰곰사무소
마케팅 총괄 김철영
마케팅 서재욱, 오승수
온라인 마케팅 김도연
인터넷 관리 김상규
제 작 현대순
총 무 윤선미, 안서현, 지이슬
관 리 김훈희, 이국희, 김승훈, 최국호

발행처 (주)동양북스
등 록 제2014-000055호
주 소 서울시 마포구 동교로22길 14 (04030)
구입 문의 전화 (02)337-1737 팩스 (02)334-6624
내용 문의 전화 (02)337-1739 이메일 dymg98@naver.com
인스타그램 @shelter_dybook

ISBN 979-11-7210-094-0 03410